JN187959

しくみ図解

産廃処理が一番わかる

廃棄物の種類や処理の流れ
法制度を実務に即して解説

上川路宏 著

技術評論社

【お断わり】

本書の初版発行（2015 年 3 月 5 日）以後、数次の法改正が行われました。水銀に関しては平成 28 年 4 月及び 10 月に改正省令が施行されたほか、水銀以外の改正については平成 30 年 4 月 1 日に施行（電子マニフェスト義務化を除く）されました。これらの改正の詳細については P184「直近の法改正について」をご参照ください。

はじめに

日常の生活や企業活動において、廃棄物の処理は個人・法人を問わずすべての人に関係する根本的な社会要素のひとつです。

通常の商取引では、良質な商品やサービスにはそれなりの対価を支払うインセンティブが購入者に生じますが、廃棄物の処理では、目の前から廃棄物がなくなってしまえばそれで済んでしまうため、通常の商取引のようなインセンティブが働きにくく、処理費用は安ければ安いほどよいとされがちな現実があります。そして、その行き着く先には不法投棄が待ち受けているのです。廃棄物の不法投棄や不適切な処理は、環境や社会に極めて大きな影響を及ぼすだけでなく、解決のために長期にわたる多大な労力と費用負担を強いる結果を招くこととなります。

このような背景から、廃棄物の適正処理を推進するためには、厳格な規制が必要であるとの考えが主流となりました。その結果、廃棄物処理法は数多の改正が重ねられ、規制と罰則の強化が図られてきました。

廃棄物の処理という、私たちにとって身近な行為を規制する法律ですが、実はその内容についてはあまり知られていません。ひとつの理由としてよく挙げられるのが、内容が難しく理解しづらいとされることです。多い年には1年間で6回も改正が行われるなど、改正数の多さにも一因があるのかもしれません。

筆者は排出事業者の立場で20年を超える廃棄物処理の実務を担ってきました。本書はその経験を活かして、「廃棄物に興味のある学生や社会人になって日の浅い、廃棄物の学習を始めようと思った人たち」のための入門書として、また、廃棄物処理の実務を担う人にとっての参考書となるよう、平易かつ深みのある内容でまとめたものです。

座右の書として、読者の皆様のお役に立てることができると幸いです。

2014年12月

著者　上川路　宏

産廃処理が一番わかる 目次

廃棄物の種類や処理の流れ
法制度を実務に即して解説

CONTENTS

しくみ図解

産廃処理が一番わかる

目次

CONTENTS

Column

第1章

廃棄物処理の基礎知識

車の運転時には道路交通法の知識が必要とされるのと同じように、
廃棄物の処理を法律に基づいて適切に行うためには、
廃棄物処理法の知識が必要になります。
この章では処理の現場で知っておかなければならない基礎知識について、
その背景を含めて解説していきます。
用語の独特な使い方についてもわかりやすく解説しています。

1-1 廃棄物処理法の概要

●廃棄物処理法の名称、役割

廃棄物処理法の正式な名称は「廃棄物の処理および清掃に関する法律」といいます。一般には廃棄物処理法の略称が知られていますが、専門家の間では「廃掃法」といわれることのほうが多いようです。もともとは公害対策法のひとつとして制定された法律ですが、現在は資源の有効利用推進のための役割も与えられています。廃棄物を単に適正に処理するだけではなく、資源として再生利用することを促進する方向性が強く打ち出されることとなりました。

●廃棄物処理法の目的

どの法律でも、その法律の目的は第1条に記されます。廃棄物処理法では次のように表わされています。

> 「廃棄物の排出を抑制し、および廃棄物の適正な分別、保管、収集、運搬、再生、処分等の処理をし、並びに生活環境を清潔にすることにより、生活環境の保全および公衆衛生の向上を図ることを目的とする。」

ここに記載された目的は次の3点に分けられます。

① 廃棄物の排出を抑制すること

② 廃棄物の適正な「分別、保管、収集、運搬、再生、処分等」の処理をすること

③ 生活環境を清潔にすることにより、生活環境の保全および公衆衛生の向上を図ること

法律制定当初の目的は③の「生活環境の保全および公衆衛生の向上を図る」ことだけだったのですが、世界的な環境意識の高まりを受けた「持続可能な発展」に向けた措置の一環として、1991年の法改正時に①の「排出の抑制」と②の「再生」が目的に加えられました。環境関連の話では必ず耳にする「3R」のうちのリデュースとリサイクルに該当します。

なお、リユース（再利用）できるものは廃棄物ではないため、廃棄物処理法の対象とはなりません。

●廃棄物の定義

最初にいわゆる「廃棄物」の定義をおさえておきましょう。一般に「ごみ」と同じ意味で用いられる「廃棄物」ですが、廃棄物処理法では次のように規定されています。

> 「ごみ、粗大ごみ、燃え殻、汚泥、ふん尿、廃油、廃酸、廃アルカリ、動物の死体その他の汚物または不要物であって、固形状または液状のものをいう。」（法第2条第1項）

「気体」が廃棄物ではないということは、この条文で明確にわかりますが、少し掘り下げて、では「不要物」とはいかなるものでしょうか。条文の記述を読むとなんとなくはわかる気がしますが、実は立派な法律論争になるぐらいいろいろな説があり、はっきりと定まっていないというのが実態なのです。「混ぜればごみ、分ければ資源」という言葉がありますが、廃棄物の定義のあいまいさをよく表している言葉であるともいえます。

Column

廃棄物の定義

最高裁判所の判例や環境省の通知では、廃棄物の定義を「廃棄物とは、占有者が自ら利用し、または他人に有償で売却することができないため、不要になったものをいう」としたうえで、次の5項目を総合的に判断して該当するか否かを決めることとしています。

①対象物の性状
②排出の状況
③通常の取り扱い形態
④取引価値の有無
⑤占有者の意思

この考え方を「総合判断説」といいますが、判断を下す人の立場で解釈が異なる場合も多く、廃棄物であるか否かは最終的には裁判所の判断を待つほかはありません。廃棄物処理の担当者にとっては悩みの尽きないところです。

1-2 廃棄物の種類

●一般廃棄物と産業廃棄物

廃棄物処理法では廃棄物を大きく「産業廃棄物」と「一般廃棄物」に区分しています。法第2条第2項では産業廃棄物でないものが一般廃棄物であると定義され、その後法第2条第4項により産業廃棄物についての規定がなされています（図1-2-1）。

廃棄物を産業廃棄物と一般廃棄物に区分する理由は、法律で定められた処理責任の主体の違いによります。産業廃棄物は排出事業者が処理責任を負い、一般廃棄物は市町村が適正な処理について必要な措置を講ずると定められているためです。

図 1-2-1　廃棄物の区分

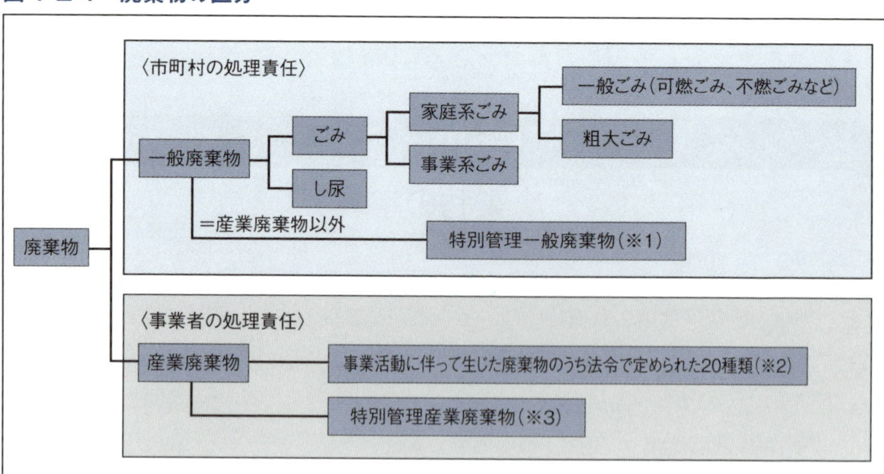

※1:一般廃棄物のうち、爆発性、毒性、感染性その他の人の健康または生活環境に係る被害を生ずるおそれのあるもの
※2:燃えがら、汚泥、廃油、廃酸、廃アルカリ、廃プラスチック類、紙くず、木くず、繊維くず、動植物性残さ、動物系固形不要物、ゴムくず、金属くず、ガラスくず、コンクリートくずおよび陶磁器くず、鉱さい、がれき類、動物のふん尿、動物の死体、ばいじん、輸入された廃棄物、上記の産業廃棄物を処分するために処理したもの
※3:産業廃棄物のうち、爆発性、毒性、感染性その他の人の健康または生活環境に係る被害を生ずるおそれのあるもの

出典：環境省ホームページ

法第2条第4項による産業廃棄物の定義は次の通りです。

第1号：事業に伴って生じた廃棄物のうち、燃え殻、汚泥、廃油、廃酸、廃アルカリ、廃プラスチック類その他政令で定める廃棄物
第2号：輸入された廃棄物

※第1号の「その他政令」については表1-3-1、1-3-2参照のこと。

同じ種類の廃棄物であっても、たとえば家庭から排出されるプラスチックごみは一般廃棄物ですが、事業所（事務所含む）より排出されるプラスチックごみは産業廃棄物として扱われます。

●事業系廃棄物と家庭廃棄物

また、図1-2-1では「一般廃棄物」のうち、ごみは「事業系廃棄物（ごみ）」、「家庭廃棄物（ごみ）」に区分されています。法律で規定された区分ではありませんが、法第3条第1項に「事業者は、その事業活動に伴って生じた廃棄物を自らの責任において適正に処理しなければならない」と定めがあるため、「事業系廃棄物」は一般廃棄物であっても、事業者が処理を主体的に行うことを期待されていることによります。

●特別管理廃棄物

このほか、「特別管理廃棄物」という区分が産業廃棄物、一般廃棄物それぞれに用意されています。文字通り、特別に管理をすることが必要な廃棄物のことを指します。医療系廃棄物やPCB、石綿、高濃度の酸やアルカリ、揮発性の高い液体、毒性の強い廃棄物などが法律により指定されています。有害性の高い廃棄物ですので、その取扱いについては、排出事業者が行う「保管」から、「収集・運搬」、「処分」にいたる処理の全工程について厳格な管理方法と処分方法が条文により定められています。

このように廃棄物処理法における「廃棄物」は「家庭廃棄物」「事業系一般廃棄物」「特別管理一般廃棄物」「産業廃棄物」「特別管理産業廃棄物」の5種類に分類されています。

1-3 産業廃棄物とは

●廃棄物処理法における定義

産業廃棄物とは、廃棄物処理法に定める20種類の廃棄物を指し、すべての業種で産業廃棄物に該当するもの（表1-3-1）と、対象業種が限定（表1-3-2）されているものに分類することができます。

・業種指定のない産業廃棄物

表1-3-1にある廃棄物の代表例の写真をいくつか図1-3-1に紹介します。これらは文字通り常に産業廃棄物として扱います。

図 1-3-1　いろいろな産業廃棄物①

がれき類

廃プラスチック類

ガラス陶磁器くず（瓦くず）

金属くず

ばいじん

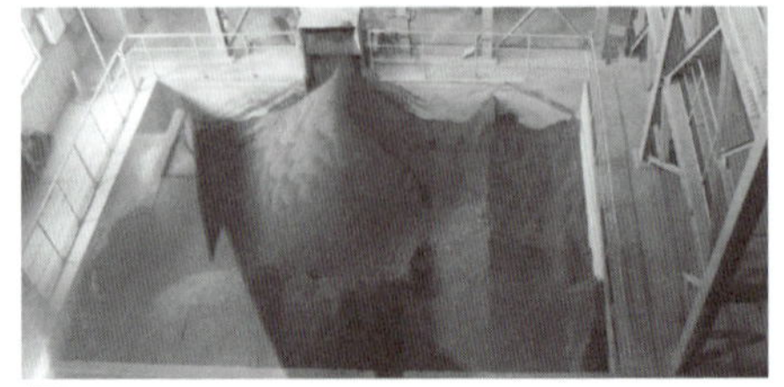

汚泥

表 1-3-1　あらゆる事業活動に伴う産業廃棄物

根拠法令	廃棄物の種類	具体例
法第2条第4項第1号	燃え殻	石炭がら、焼却炉の残灰、炉清掃排出物、その他焼却残さ
法第2条第4項第1号	汚泥	排水処理後および各種製造業生産工程で排出された泥状のもの、活性汚泥法による余剰汚泥、ビルピット汚泥、カーバイトかす、ベントナイト汚泥、洗車場汚泥、建設汚泥等
法第2条第4項第1号	廃油	鉱物性油、動植物性油、潤滑油、絶縁油、洗浄油、切削油、溶剤、タールピッチ等
法第2条第4項第1号	廃酸	写真定着廃液、廃硫酸、廃塩酸、各種の有機廃酸類等すべての酸性廃液
法第2条第4項第1号	廃アルカリ	写真現像廃液、廃ソーダ液、金属せっけん廃液等すべてのアルカリ性廃液
法第2条第4項第1号	廃プラスチック類	合成樹脂くず、合成繊維くず、合成ゴムくず（廃タイヤを含む）等固形状・液状のすべての合成高分子系化合物
施行令第2条第5号	ゴムくず	生ゴム、天然ゴムくず
施行令第2条第6号	金属くず	鉄鋼、非鉄金属の破片、研磨くず、切削くず等
施行令第2条第7号	ガラスくず、コンクリートくずおよび陶磁器くず	廃ガラス類（板ガラス等）、製品の製造過程等で生ずるコンクリートくず、インターロッキングブロックくず、レンガくず、廃石膏ボード、セメントくず、モルタルくず、スレートくず、陶磁器くず等
施行令第2条第8号	鉱さい	鋳物廃砂、電炉等溶解炉かす、ボタ、不良石炭、粉炭かす等
施行令第2条第9号	がれき類	工作物の新築、改築または除去により生じたコンクリート破片、アスファルト破片その他これらに類する不要物
施行令第2条第12号	ばいじん	大気汚染防止法に定めるばい煙発生施設、ダイオキシン類対策特別措置法に定める特定施設または産業廃棄物焼却施設において発生するばいじんであって集じん施設によって集められたもの
施行令第2条第13号	航行廃棄物、携帯廃棄物および産業廃棄物を処分するために処理したもので、上記の産業廃棄物に該当しないもの（例えばコンクリート固形化物）	

・業種指定のある産業廃棄物

たとえば、建設現場で排出される「廃木材」は、表1-3-2の2番目に記載されている「木くず」に該当するので産業廃棄物ですが、レストランで使用していた木製椅子を廃棄する場合、レストランは建設業や家具製造業ではありませんので、同じ「木くず」でも産業廃棄物ではなく一般廃棄物として処理をする必要があります。また、レストランで廃棄される食べ残しは、「動植物性残さ」に相当しますが、木くずの場合と同様に対象業種ではありませんので一般廃棄物として扱われます。一方で古くなった食用油を廃棄する場合、「廃油」は業種指定がないので産業廃棄物として処理する必要があります。

このように、表1-3-2で示した「業種指定のある廃棄物」は、業種によって廃棄物の区分が異なることにより、処理責任の主体も変化しますので、実際の処理にあたっては十分注意をする必要があります。

図 1-3-2　レストランの廃棄物

壊れた椅子（一般廃棄物）

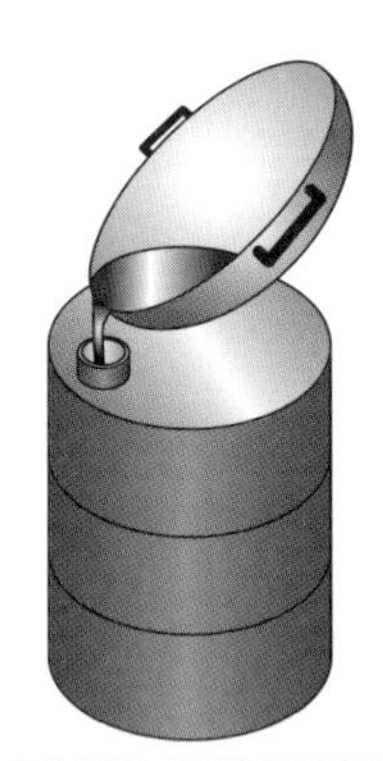

廃食用油（産業廃棄物）

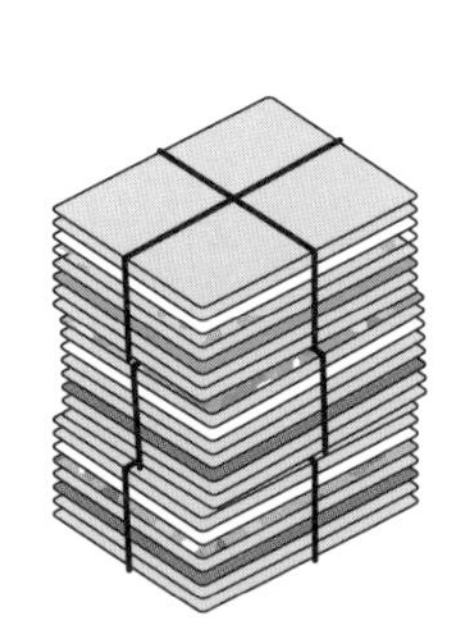

紙くず（一般廃棄物）

図 1-3-3　いろいろな産業廃棄物②

建設工事由来の木くず（産業廃棄物）

建設工事由来の紙くず（産業廃棄物）

表 1-3-2　特定の事業活動に伴う産業廃棄物

根拠法令	廃棄物の種類	具体例
施行令第2条第1号	紙くず	建設業に係るもの（工作物の新築、改築または除去により生じたもの）、パルプ製造業、製紙業、紙加工品製造業、新聞業、出版業、製本業、印刷物加工業から生ずる紙くず
施行令第2条第2号	木くず	建設業に係るもの（範囲は紙くずと同じ）、木材または木製品製造業、家具製品製造業、パルプ製造業、輸入木材の卸売業および物品賃貸業から生ずる木材片、おがくず、バーク類等 貨物の流通のために使用したパレット等
施行令第2条第3号	繊維くず	建設業に係るもの（範囲は紙くずと同じ）、繊維工業（衣服その他繊維製品製造業を除く）から生ずる木綿くず、羊毛くず等の天然繊維くず
施行令第2条第4号	動植物性残さ	食料品製造業、医薬品製造業、香料製造業から生ずる動物または植物の固形状の不要物
施行令第2条第4の2号	動物系 固形不要物	と畜場において処分した獣畜、鳥処理場において処理した食鳥に係る固形状の不要物
施行令第2条第10号	動物のふん尿	畜産農業から排出される牛、馬、豚、めん羊、にわとり等のふん尿
施行令第2条第11号	動物の死体	畜産農業から排出される牛、馬、豚、めん羊、にわとり等の死体

Column

事業者について

廃棄物処理法には「事業者」について規定した条文はありませんが、法人個人を問わず、事業を営んでいればすべて「事業者」と判断されることが一般的です。事業を営んでいる法人には法人格のある団体だけではなく任意団体、NGO、NPO、学校、役所、宗教団体なども含まれます。これらすべての事業者が「排出事業者責任」を負っています。企業じゃないからといって排出事業者責任がなくなるわけではないので、注意が必要です。

1-4 日本の産業廃棄物処理の現状

●全体のデータ

少し目先を変えて、日本のマテリアルフロー全般を見ることにしましょう。

図1-4-1から、日本の資源総投入量は18億3,300万トン、廃棄物として排出される量5億5,800万トン（30.4 %）で、そのうち、リサイクル量が2億3,800万トン（12.9 %）であることが読み取れます。発生廃棄物量の約42.7 %がリサイクルされている計算になります。また、減量化の過半は汚泥などの脱水に伴う放流水と焼却（縮減）によるもので、結果として最終処分されている物質は総投入量の1 %に満たない1,700万トンにとどまっています。

一方、廃棄物の発生量の経年変化を表したものが図1-4-2です。圧倒的に産業廃棄物の発生量が多いことがわかります。産業廃棄物もここ数年発生量は減少傾向にあります。

図 1-4-1　日本のマテリアルフロー（平成 23 年度）

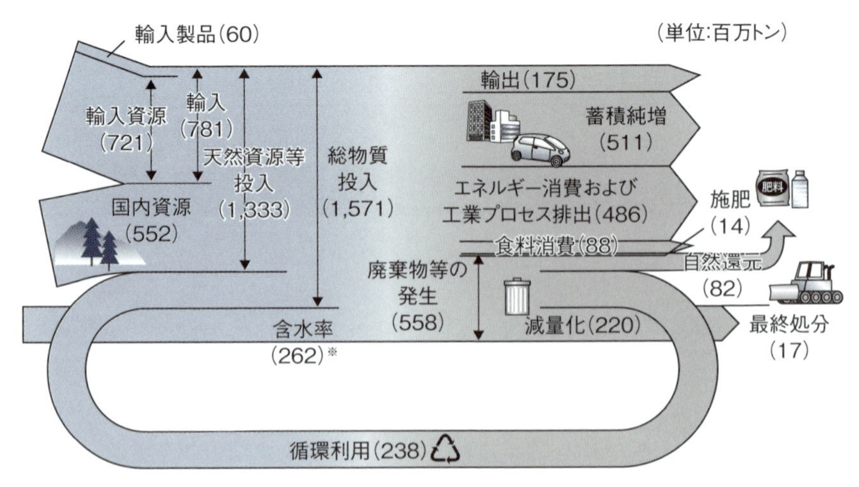

※含水率:廃棄物等の含水等（汚泥、家畜ふん尿、し尿、廃酸、廃アルカリ）および経済活動に伴う土砂等の随伴投入（鉱業、建設業、上水道業の汚泥および鉱業の鉱さい）

出典：環境省「平成26年版環境白書」

図 1-4-2　廃棄物排出量の推移　平成 5 ～ 23 年度

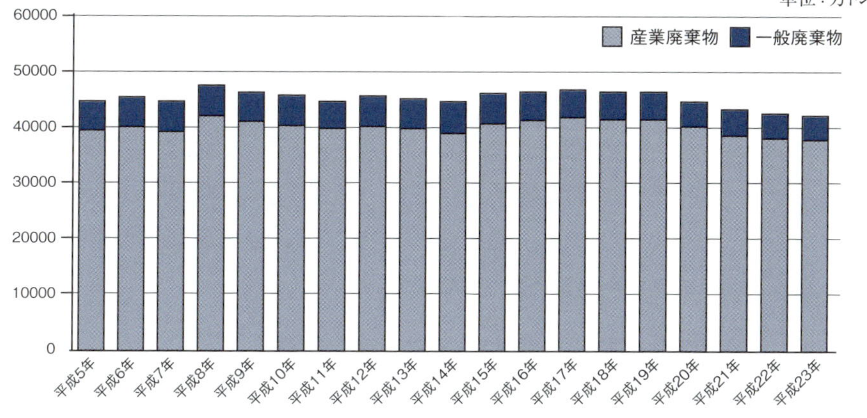

出典：環境省「平成26年度環境白書」より著者作成

●中間処理量と最終処分量

図1-4-3は環境省が発表した平成23年度の産業廃棄物の発生量と処理方法を示した概要フロー図です。この図を見ると、産業廃棄物の発生量（約3億8,000万トン）のうち約8割に当たる約2億9,200万トンが中間処理されており、最終処分量は全体の3％強に過ぎないことがわかります。排出場所から直接最終処分される量はさらにその半分にとどまっています。産業廃棄物の処理工程における中間処理の重要性をよく表現しているフロー図であるといえます。

図 1-4-3　産業廃棄物の処理の流れ（平成 23 年度実績）

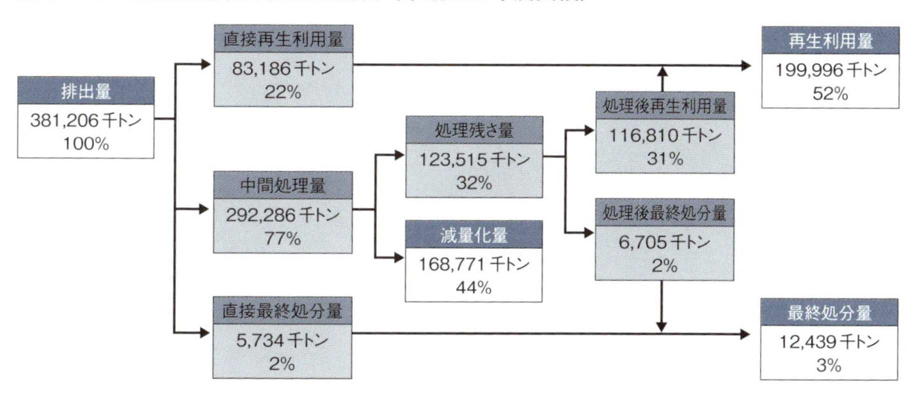

※各項目量は四捨五入して表示しているため収支が合わない場合がある。

出典：環境省　産業廃棄物の排出および処理状況等（平成23度実績）について

●産業廃棄物の発生量とその内容

ここで少し寄り道をして産業廃棄物発生状況をグラフから見ることにします。最初のふたつは、環境省が発表した平成23年度の業種別排出量と廃棄物種類別排出量のグラフです（図1-4-4）。3億8,000万トンの産業廃棄物のうち、業種別では上位5業種、廃棄物種類別では上位3種類でそれぞれ約80％の発生量があることがわかります。図1-4-5のグラフは、発生廃棄物の業種ごとの発生割合がよくわかるものになっています。

図1-4-4　産業廃棄物の業種別・種類別排出量（平成23年度）

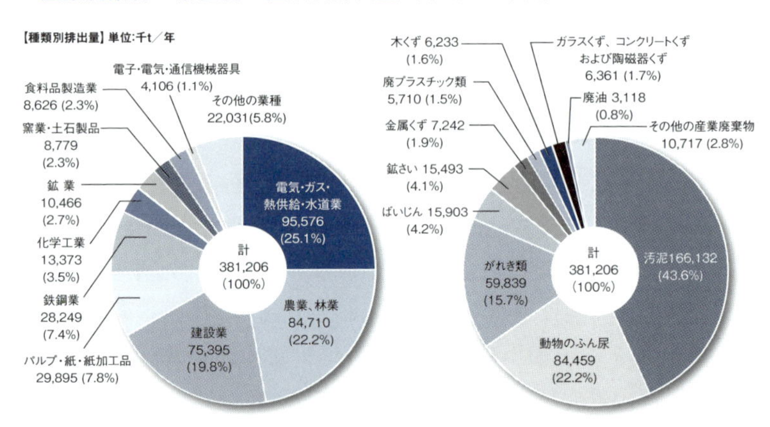

出典：環境省　産業廃棄物の排出および処理状況等（平成23度実績）について

図 1-4-5　発生廃棄物の種類別割合（平成 23 年度）

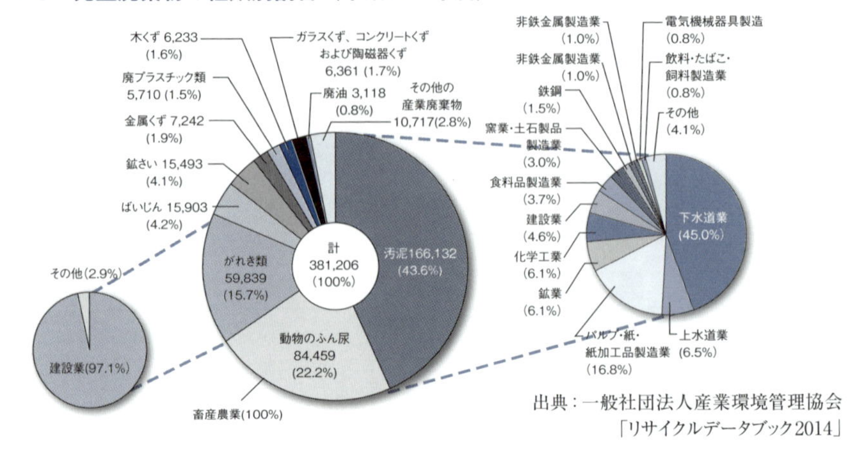

出典：一般社団法人産業環境管理協会
「リサイクルデータブック2014」

図 1-4-6　廃棄物種類ごとの再生利用状況

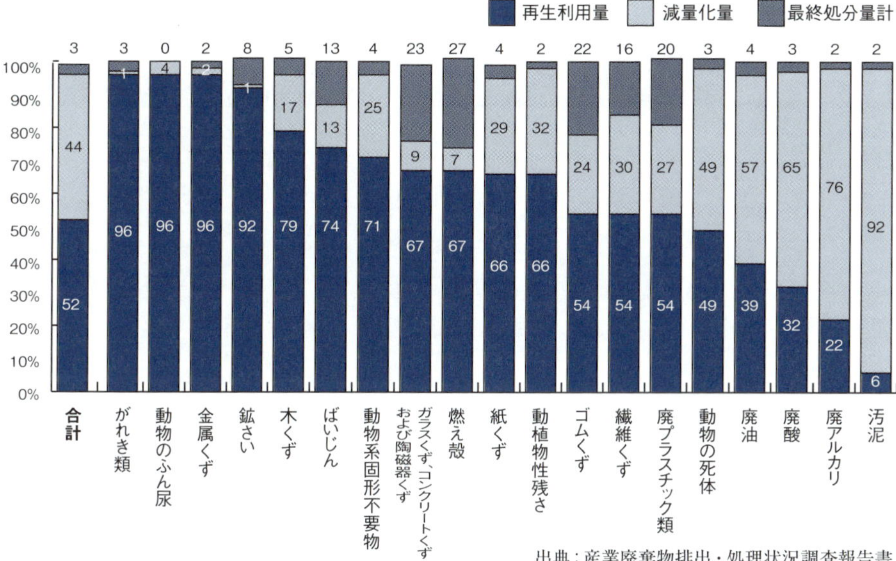

出典：産業廃棄物排出・処理状況調査報告書
平成23年度実績（概要版）環境省

さらにもうひとつ、廃棄物種類ごとの再生利用に関するグラフをご紹介します。図1-4-6のグラフは重量ベースですので、減量化は重量が減ったことを表します。たとえば汚泥は水分量が多いので、含水量を減らすことで大幅に重量が減りますが、がれき類（主にコンクリートがら）や金属くずは中間処理を経ても重量はほとんど変わりません。重量ベースで減量化率が高いものは液状のものや焼却可能物で、固形物で燃えないものは減量化をすることはほとんどできません。

●最終処分場の設置数と残余年数

少し飛びますが、58ページの図2-11-1は、最終処分場の新設許可件数と埋立可能総容量、残余年数をグラフ化したものです。新規許可件数は年によって違いはあるものの、減少傾向にあることが見て取れます。これは、平成9年に行われた廃棄物処理法改正で規制の見直しが行われたことに加え、近隣住民の同意を得ることが年々困難になっていることが大きな理由のひとつに挙げられています。にもかかわらず、埋立残余量の減少傾向は新規設置数に比べより小さなものになっており、残余年数はむしろ増加しています。大きな理由として、リサイクル技術の進展と環境意識の向上が挙げられます（58ページ参照）。

1-5 廃棄物処理法で使われる用語

廃棄物処理法で使われる言葉にはなじみのないものが少なくありません。また、言葉そのものは一般的ですが、法律用語として独特な使われ方をしている言葉もあります。この節では廃棄物処理法で使われている用語のうち、象徴的なものをいくつか選んで簡単に説明をしています。

●「処理」・「処分」について

最初に「処理」と「処分」について説明します。図1-5-1は廃棄物処理法第1条に記された「廃棄物の適正な分別、保管、収集、運搬、再生、処分等の処理」を図に示したものです。

図 1-5-1　産業廃棄物の「処理」・「処分」の範囲

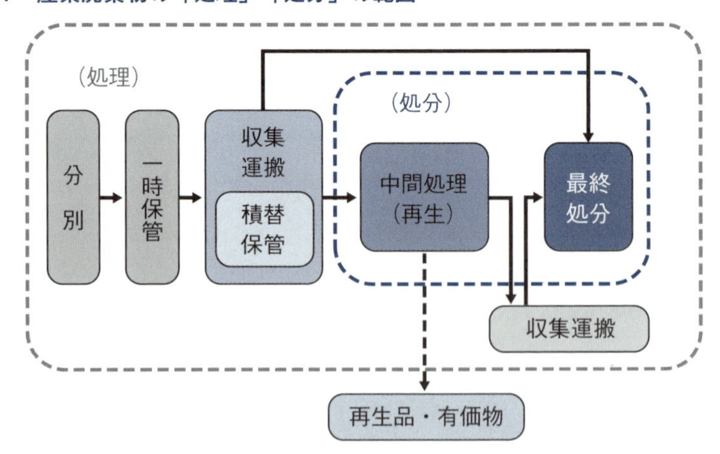

図に示した通り、「処理」とは廃棄物処理工程全般のことを指し、「処分」は「中間処理」と「最終処分」のことを指します。図1-5-1で示した点線内が廃棄物処理法の規制を受ける範囲です。「中間処理」は「処理」と名付けられていますが「処分」に該当しますので注意をしてください。なお、「処理」・「処分」の詳細は第2章第1節以降で詳しく説明をします。

●「処理、処分」に関する用語の概要

「処理」と「処分」に関連する用語を表1-5-1にまとめてみました。詳細についてはあらためて後述いたしますが、全体の感じはつかめるのではないでしょうか。

表 1-5-1　処理、処分に関する用語

用語	解説	掲載ページ
分別	排出時に廃棄物を種類ごとに分けることをいう。	P34
保管	発生した廃棄物を次の工程に引き渡すまでの間、定められた場所で保管することをいう。排出場所での保管のほか、処分場において処分までの間保管する行為も含まれる。保管には保管基準を遵守する必要がある。	P34
収集・運搬	廃棄物を収集して運搬をすること。収集と運搬はセットで行う。 有価物の運搬には運送業許可が必要となる。	P38
積替保管	廃棄物の収集運搬の過程で、一時的に保管する行為をいう。 積替保管を行うためには、積替保管を含む収集・運搬の許可を取得する必要がある。あくまでも収集・運搬に伴うものであるため、積替保管のみを行うことはできないものとされている。	P42
再生	いわゆる「リサイクル」のこと。廃棄物を他産業の原材料または燃料に加工することをいう。	P54
中間処理	廃棄物を再生利用するため、または最終処分量を減容化（減量化）するために、中間加工をすることをいう。 もともとは最終処分を前提に減容化（減量化）が中心の処分だったが、現在では再生利用のための処理が中心になっている。	P44
最終処分	廃棄物を埋立処分することをいう。	P54

1-6 排出事業者責任とは

●排出事業者責任

廃棄物処理法第3条第1項では「事業者は、その事業活動に伴って生じた廃棄物を自らの責任において適正に処理をしなければならない」と定められています。一方、産業廃棄物については第11条第1項で「事業者は、その産業廃棄物を自ら処理しなければならない」とさらに踏み込んだ表現がなされています。いずれの条文からも、事業者には廃棄物を処理する大きな責任が負わされていることがわかります。このことを「排出事業者責任」と呼びます。

また、廃棄物処理法の第12条第5項および第6項では、廃棄物の処理を他人に委託することを認めています。実際の現場では、廃棄物を他人に委託して処理を行うケースが大勢を占めています。注意をしなければいけないのは、廃棄物の処理を委託して行う場合についても、産業廃棄物の処理責任は排出事業者が負うとされている点です。

たとえ適切な契約内容で他人に処理を委託した場合でも、処理状況の確認や一連の処理工程（図1-6-1参照）の把握を怠った場合、排出事業者は当該工程において発生した不法行為の責任を問われる可能性が生じるので、十分な注意が必要となります。

図 1-6-1　排出事業者が確認すべき一連の処理工程の範囲

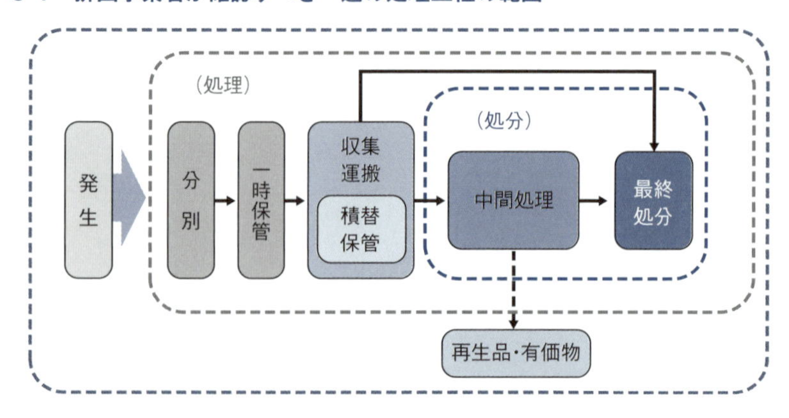

●不適切処理が及ぼす影響

表1-6-1は、委託先の処理業者が不法投棄や不適切処理を行なったときに、排出事業者へどのような影響が生じるかを簡単にまとめたものです。

表 1-6-1　委託先の産廃業者が不法投棄をした場合の排出事業者への影響

契約書・マニフェストの運用	
書面に不備・不適切な運用	書面・運用とも適切
措置命令の対象 委託基準違反に問われる **直罰適用の可能性あり** （5年・1000万円）	処理業者に対する **「注意義務」違反**（※） があれば措置命令の対象となる

※平成25年3月29日付環境省通知「行政処分通知の指針について」参照

表中の「措置命令」とは、簡単にいえば行政が原因者等に対して行う不法投棄に関する原状回復命令や、未然防止のための命令のことなどをいいます。なお、措置命令については第6章で詳しく説明します。

●注意義務違反と努力義務

法第12条第7項では前ページの「一連の処理工程の把握」を排出事業者の努力義務であると規定しています。一方、環境省通知では同内容を「注意義務」であると解説しています。そのうえで、注意義務違反に該当する行為として次のような例示がなされています。排出事業者責任がより重く捉えられていることに注目する必要があります。

①不当に安い金額での委託
②一般通常人の注意を払っていれば不適正処理が行われることを知り得た場合
③行政処分等を受けたり、立ち入り調査を受けたり、周辺住民とトラブル等のある業者に対する調査行動等を行わず、かつ正当な理由なく委託を継続した場合
④委託先の選定にあたって料金の適正性を確認しなかった場合
⑤委託先業者の適正性の確認（現地確認、処理実績の確認、埋立残余量の確認、中間処理業者と最終処分業者の委託契約書の確認、改善命令等の履行の実施状況の確認など、最終処分に至る過程の一連の処理の適正性の確認）を怠った場合

1-7 許可制度

●施設の設置許可と業の許可

廃棄物処理法の柱のひとつが許可制度です。産業廃棄物の処理は自らが行うほかは業の許可のある廃棄物処理業者に委託して行うことが定められています。一般廃棄物については、原則として市町村が処理を行いますが、事業系廃棄物を中心に一般廃棄物処理業の許可を得た業者に委託して行うことが可能です。

廃棄物処理法における許可は2段階に分かれています。ひとつは「施設の設置許可」と呼ばれるもので、廃棄物処理施設の設置に関する許可を指します。もうひとつは「業の許可」と呼ばれるもので、廃棄物処理業を営むために必要な許可です。業の許可はさらに廃棄物収集・運搬業と廃棄物処分業の許可に分かれます。

原則として一般廃棄物については市町村が、産業廃棄物のうち処分業および積替保管を伴う収集・運搬業については都道府県および政令市（ここでは政令指定都市、中核市、保健所設置市をまとめて「政令市」と表現しています）が、積替保管を伴わない収集・運搬業については都道府県がそれぞれ許可を付与します。

図 1-7-1　処分業の許可のしくみ（処分業の場合）

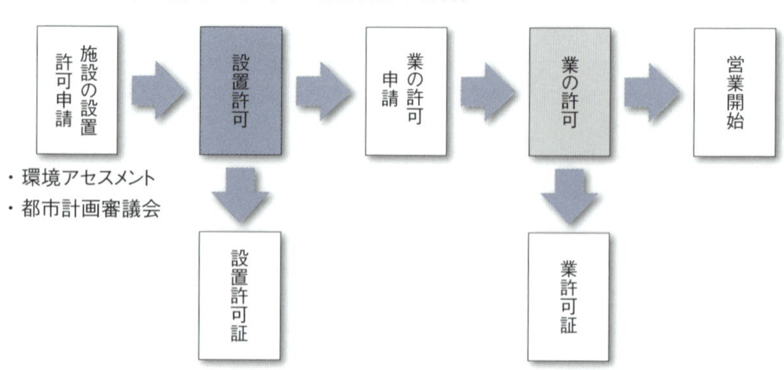

●施設の設置許可

処分を業とする場合でも自ら処分を行う場合でも、廃棄物の処分を行おうとする事業者は、計画している廃棄物処理施設について、法に定める基準に従って事前に施設の設置許可の申請をする必要があり、設置許可を取得した後、施設の設置が可能となります。

ちなみに、法律でいう施設とは建物や場所のことではなく、処分を行うための設備のことを指します。最終処分場の場合は処分場そのものが処理施設に該当しますが、中間処理の場合は処理場内に設ける破砕機や圧縮機など一つひとつの設備が施設に該当します。

設置許可が必要な施設は廃棄物処理法施行令第7条各号に定められています。おおむね処理能力が低く、公害の発生する恐れの比較的小さい施設は対象とされていません。しかし、設置許可を必要としない施設に対して、設置許可を必要とする条例を定め、規制している自治体もあります。なお、設置許可は設置に対する許可ですので、許可期限は設けられていません。また、収集運搬業に関しては、保有する車両が処分業における施設に相当しますが、保有に際し施設の設置許可は不要です。

このほか、廃棄物処理施設の設置にあたっては、都市計画審議会の許可が必要となる場合など、廃棄物処理法だけでなく都市計画法および建築基準法による規制についても対処する必要があります。

図 1-7-2　施設設置許可証の例

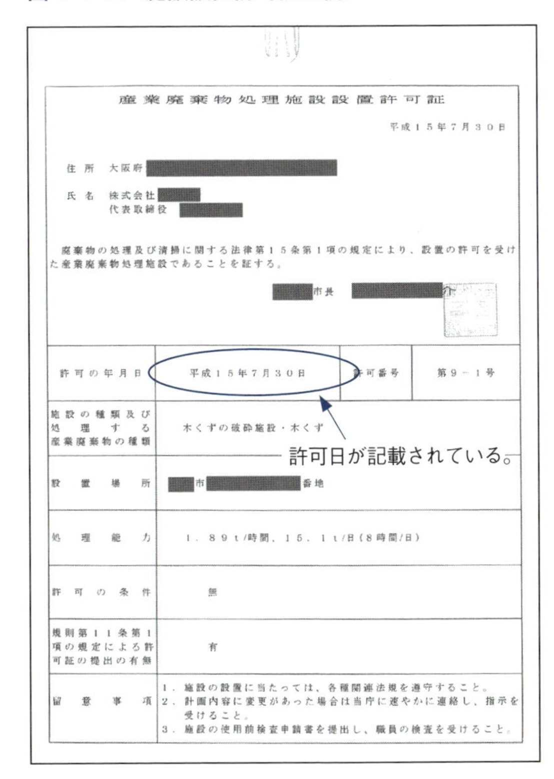

産業廃棄物処理施設設置許可証

平成15年7月30日

住所　大阪府

氏名　株式会社
　　　代表取締役

廃棄物の処理及び清掃に関する法律第15条第1項の規定により、設置の許可を受けた産業廃棄物処理施設であることを証する。

市長

許可の年月日	平成15年7月30日	許可番号	第9－1号
施設の種類及び処理する産業廃棄物の種類	木くずの破砕施設・木くず		
設置場所	市　番地		
処理能力	1．89t/時間、15．1t/日（8時間/日）		
許可の条件	無		
規則第11条第1項の規定による許可証の提出の有無	有		
留意事項	1．施設の設置に当たっては、各種関連法規を遵守すること。 2．計画内容に変更があった場合は当庁に速やかに連絡し、指示を受けること。 3．施設の使用前検査申請書を提出し、職員の検査を受けること。		

●業の許可

廃棄物処理業を営むためには、廃棄物処理業の許可が必要です。廃棄物処理業は前述のように一般廃棄物処理業と産業廃棄物処理業に分かれ、またそれぞれに収集・運搬業、処分業の区分が設けられています。さらに収集・運搬業は、積替保管を伴うものと伴わないものに区分されます。当然ですが、許可を得た業の範囲のみでしか営業することはできません。

業許可には許可期限が設けられています。産業廃棄物処理業許可は5年（優良認定事業者は7年）、一般廃棄物処理業許可は2年です。

表 1-7-1　業の区分と許可権者

	収集運搬業		処分業	
	積替保管無	積替保管有	中間処理	最終処分
産業廃棄物	都道府県知事	都道府県知事 または政令市長	都道府県知事 または政令市長	都道府県知事 または政令市長
特別管理 産業廃棄物	都道府県知事	都道府県知事 または政令市長	都道府県知事 または政令市長	都道府県知事 または政令市長
一般廃棄物	市町村長	市町村長	市町村長	市町村長
特別管理 一般廃棄物	市町村長	市町村長	市町村長	市町村長

・一般廃棄物処理業の許可

一般廃棄物処理業の許可権限は市町村長にあります。一般廃棄物の処理はもともと市町村が行うものですので、業の許可も業の範囲も市町村単位が原則です。一般廃棄物処理業の許可は誰でもが申請をすれば得られるものではありません。市町村長が許可を与えることのできる条件として、

① 当該市町村が処理を行うことが困難であること
② 市町村で策定する一般廃棄物処理計画に記載された条件に基づくこと

の2点を満足させる必要があります。この条件に基づき、初めて申請が可能となり許可を得ることができるようになります。

・産業廃棄物処理業の許可

　産業廃棄物処理業の許可権限は収集・運搬業の場合は原則として都道府県知事に、処分業の場合は都道府県知事または政令市長にあります。積替保管を伴う収集・運搬業の許可権者は処分業の場合と同じです。産業廃棄物処理業の許可は一般廃棄物処理業と異なり、許可申請の内容が法令に適合していれば、当該知事または市長は申請者に対し許可を付与しなければならないとされています。

　また、産業廃棄物の処理は地域をまたいで行われることが一般的です。廃棄物が発生する場所と廃棄物の処分を行う場所が同一都道府県内にないことのほうが一般的です。このため、産業廃棄物収集・運搬業の場合は、廃棄物を積み込む都道府県と廃棄物の荷卸しをする都道府県それぞれから業許可を取得しておく必要があります。

図 1-7-3　業の許可証の例

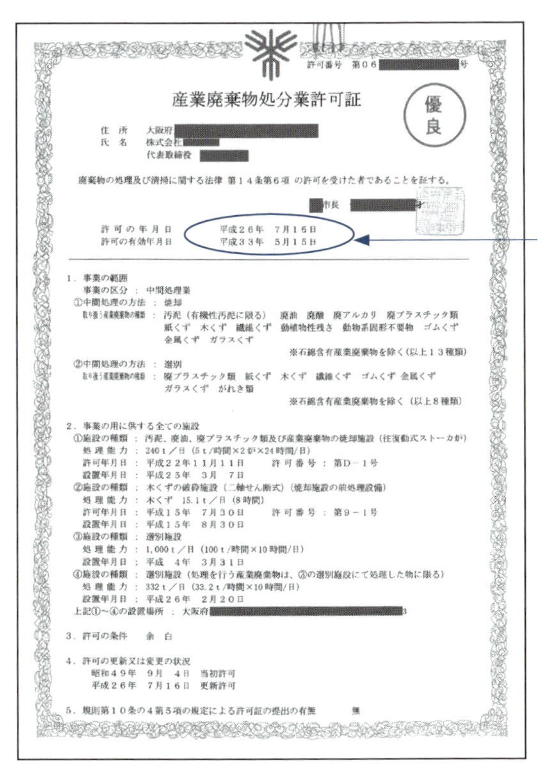

許可番号　第０６　号

産業廃棄物処分業許可証

優良

住　所　大阪府
氏　名　株式会社
　　　　代表取締役

廃棄物の処理及び清掃に関する法律 第１４条第６項 の許可を受けた者であることを証する。

市長

許可の年月日　平成２６年　７月１６日
許可の有効年月日　平成３３年　５月１５日

1．事業の範囲
　事業の区分 ： 中間処理業
　①中間処理の方法 ： 焼却
　取り扱う産業廃棄物の種類 ： 汚泥（有機性汚泥に限る）　廃油　廃酸　廃アルカリ　廃プラスチック類　紙くず　木くず　繊維くず　動植物性残さ　動物系固形不要物　ゴムくず　金属くず　ガラスくず
　※石綿含有産業廃棄物を除く（以上１３種類）
　②中間処理の方法 ： 選別
　取り扱う産業廃棄物の種類 ： 廃プラスチック類　紙くず　木くず　繊維くず　ゴムくず　金属くず　ガラスくず　がれき類
　※石綿含有産業廃棄物を除く（以上８種類）

2．事業の用に供する全ての施設
　①施設の種類 ： 汚泥、廃油、廃プラスチック類及び産業廃棄物の焼却施設（往復動式ストーカ炉）
　処理能力 ： 240ｔ／日（5ｔ/時間×2炉×24時間/日）
　許可年月日 ： 平成２２年１１月１１日　　許可番号 ： 第D－１号
　設置年月日 ： 平成２５年　３月　７日
　②施設の種類 ： 木くずの破砕施設（二軸せん断式）（焼却施設の前処理設備）
　処理能力 ： 木くず　15.1ｔ／日（8時間）
　許可年月日 ： 平成１５年　７月３０日　　許可番号 ： 第９－１号
　設置年月日 ： 平成１５年　８月３０日
　③施設の種類 ： 選別施設
　処理能力 ： 1,000ｔ／日（100ｔ/時間×10時間/日）
　設置年月日 ： 平成　４年　３月３１日
　④施設の種類 ： 選別施設（処理を行う産業廃棄物は、③の選別施設にて処理した物に限る）
　処理能力 ： 332ｔ／日（33.2ｔ/時間×10時間/日）
　設置年月日 ： 平成２６年　２月２０日
　上記①～④の設置場所 ： 大阪府

3．許可の条件　余白

4．許可の更新又は変更の状況
　昭和４９年　９月　４日　当初許可
　平成２６年　７月１６日　更新許可

5．規則第１０条の４第５項の規定による許可証の提出の有無　無

許可日と許可期限が記載されている。

1-8 廃棄物の処理委託

廃棄物を他人に委託して処理を行うことを「処理の委託」といいます。一般廃棄物、産業廃棄物それぞれについて、委託の際に遵守すべき基準が法令で定められています。この法令の定めを「委託基準」と呼びます。

●産業廃棄物の処理の委託基準

産業廃棄物の委託基準は次の6点です。

①産業廃棄物処理業の許可を持つ業者に委託すること
②許可の範囲内で委託すること
③処理の状況を確認すること
④処理委託契約書を作成、締結すること
⑤契約書は契約終了の日から5年間保存すること
⑥特別管理産業廃棄物を委託する場合は、あらかじめ種類、数量、性状その他必要事項を委託先業者に文書で通知すること

委託をする際には、当該処理業者の許可証(写し)を入手して、委託しようとしている廃棄物を処理できるかどうか許可の内容(①、②)をチェックします。

③については廃棄物処理法第12条第7項で「当該産業廃棄物の処理の状況に関する確認を行い、当該産業廃棄物について発生から最終処分が終了するまでの一連の処理の工程における処理が適正に行われるために必要な措置を講ずるよう努めなければならない」と定められています(図1-6-1参照)。

④の処理委託契約書には業を営むことができることを証する書面(業許可証、認定証等)の写しを添付するほか、5-4節で説明する法定要件を満足させる必要があります。⑤については、契約開始時からではなく契約終了時からなので間違えないようにしてください(注:法人税法の規定では7年間)。

●一般廃棄物の処理の委託基準

一方、一般廃棄物の委託基準は次の3点です。

①一般廃棄物許可業者（市町村や市町村の委託を受けた業者でも可能）に委託すること
②許可の範囲内で委託を行うこと（許可証には事業範囲が記載されている）
③特別管理一般廃棄物を委託する場合は、あらかじめ種類、数量、性状その他必要事項を委託先業者に文書で通知すること

委託をする際には、産業廃棄物の委託時と同様に当該処理業者の許可証（写し）を入手して、委託しようとしている廃棄物を処理できるかどうか許可の内容（①、②）をチェックします。産業廃棄物の処理委託と異なり、処理委託契約書の締結は法定要件には含まれていませんが、廃棄物の処理の委託は継続的に行われることが多いので、許可証の写しをもらうだけでなく、産業廃棄物の処理に準じて処理委託契約書を結ぶことをおすすめします。なお、一般廃棄物処理業の許可は2年で更新されますので、期限切れのままにならないようにチェックが必要です。

図1-8-1は東京都の行った排出事業者の契約書締結状況の調査結果です。委託基準の遵守が簡単ではないことがよくわかります。

図 1-8-1　東京都の産業廃棄物処理委託契約の状況（医療機関への調査）

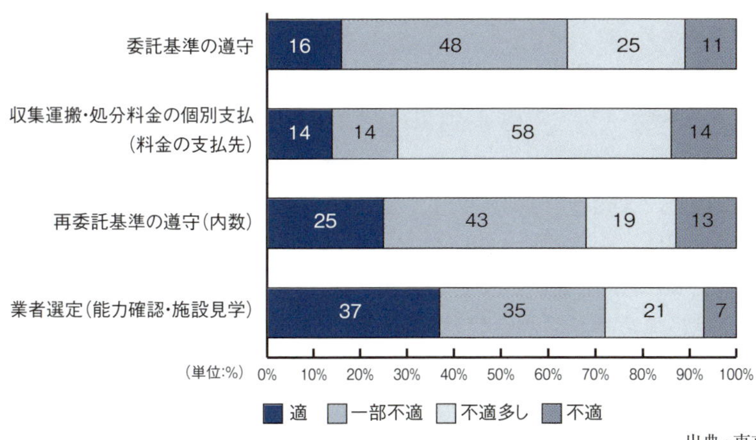

出典：東京都ホームページ

Column

「おから」裁判

廃棄物の定義を理解するためにとても重要な判例のひとつに、俗にいう「おから裁判」があります。最高裁判所まで争われた裁判事例で、まさに廃棄物の定義が争点とされました。1993年になされたこの判決で最高裁判所は、11ページのコラムで紹介した総合判断説を示して被告人敗訴を言い渡しました。裁判の概要は以下のとおりです。

被告の業者は、廃棄物処理業の許可を取得せずに「おから」を収集・運搬し、乾燥処理をしていたが、廃棄物処理法の無許可営業に当たるとして起訴された。1審2審とも被告人が有罪とされたため、最高裁判所に上告し、「おから」は食用あるいは飼料・肥料として広く利用されている社会的に有用な資源であり、廃棄物処理法の「不要物」に該当しないと主張した。

最高裁は、廃棄物の定義を**「占有者が自ら利用し、または他人に有償で売却することができないため、不要になったものをいい、これらに該当するか否かは、その物の性状、排出の状況、通常の取り扱い形態、取引価値の有無および占有者の意思等を総合的に勘案して判断すべきもの。」**としたうえで、「おからは豆腐製造時に大量に発生するが、非常に腐敗しやすく、食用として有償で取引されるわずかな量を除き、大部分は無償で牧畜業者に引き渡され、あるいは有料で廃棄物処理業者に処理が委託されており、被告人が豆腐製造業者から処理料金を徴収して収集・運搬、処分をしていたのであるから、本件おからは法律でいう産業廃棄物に該当する。」と判断し、被告を有罪とした。

この判決の後も、建物の解体工事から発生した「木くず」が廃棄物か否か争われた、いわゆる「木くず」裁判（2004年水戸地方裁判所）をはじめとして、廃棄物の該当性を争点にしたいくつもの裁判が行われています。

極論をいえば、廃棄物か否かは裁判をしないと決まらないという、廃棄物の定義の難しさを表したものであるといえます。

第2章

産業廃棄物処理の流れ

廃棄物の処理は工程ごとに作業内容が異なるため、
それぞれの内容を理解する必要があります。
一方、廃棄物の処理は発生から最終処分に至る一連の流れの中で行われますので、
流れ全体を包括して理解する必要もあります。
この章ではその両方を関連付けて理解できるよう、
実際の廃棄物の処理工程に沿って、
工程ごとの役割と処理の内容を説明しています。

2-1 処理の基本的な流れと分別・保管

●処理の基本的な流れ

個々の処理の説明に入る前に全体の流れをまず見ることにします。図2-1-1は、廃棄物処理法における廃棄物の処理の流れを表したものです。廃棄物処理法における廃棄物の「処理」とは、発生した廃棄物の分別・保管から最終的な処分が終了するまでのすべての行為をいいます。

図 2-1-1　処理と処分の範囲

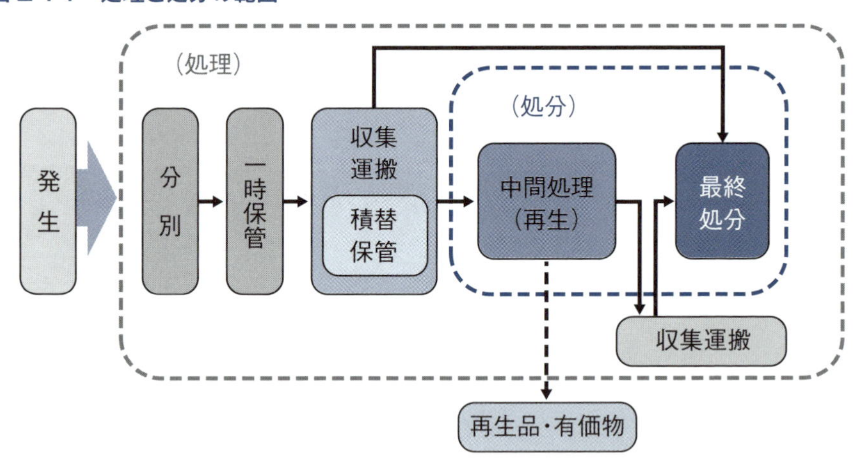

廃棄物の処理には「分別・保管」から始まり、「収集・運搬」、「積替・保管」、「中間処理」を経て「再生」、「最終処分」されるまですべて行為がその範囲に含まれます。

一方、廃棄物の「処分」とは、上述の「処理」のうち、「中間処理」、「再生」、「最終処分」のことをいいます。「中間処理」は「処理」という名称で呼ばれることが多いのですが、「処分」に該当します。

このように、「処理」と「処分」は法律上明確に区別されていますので、混同しないようにしてください。

●廃棄物処理の第一歩、分別と保管

廃棄物の処理は、処理を委託するところから始まると思っている人が多いのですが、法第１条に「廃棄物の適正な分別、保管、収集、運搬、再生、処分等の処理」とあるように、事業場で発生した廃棄物を「分別」し「保管」するところから始まります。

分別（ぶんべつ）とは廃棄物を処理しやすいように分けることをいいます。蛇足ながら、同じ熟語を「ふんべつ」と読むことがありますが、こちらは「物事の道理がわかること、考えること」をいい、濁点の有無で意味が著しく異なりますので、間違えぬよう注意をしてください。

一般廃棄物では「燃えるごみ」、「燃えないごみ」、「粗大ごみ」、「資源ごみ」等に分けることが通常行われていますが、産業廃棄物の場合は、「紙くず」、「廃プラスチック類」、「金属くず」等廃棄物の種類ごとに分別します。素材が複合されているものなど、分けることが困難な廃棄物は「混合廃棄物」として、種類ごとに分別された廃棄物とは別の扱いをします。

●廃棄物の保管と保管基準

分別された廃棄物は、廃棄物回収業者（収集・運搬業者）が回収に来るまでは、事業場の一画に一時保管をします。保管の際には次の保管基準が適用されます。分別したうえでの保管を前提に、保管については施行規則に厳格な基準が定められています。保管基準の概要は、主に次に掲げるようなものです。

①保管場所の周囲には囲いを設けること
②保管場所にはその旨を記した看板を設置すること
③ねずみおよび蚊、はえその他の害虫の発生防止措置をとること
④汚水が発生する場合は排水溝等を設置、床面を不浸透性の材料で覆う
⑤屋外で容器を用いずに保管する場合、高さの制限を超えない
⑥産業廃棄物が飛散し、流出し、地下浸透し、悪臭が発散しないようにすること

⑤に示した高さの制限については、次ページの図2-1-2を参照してください。

図 2-1-2　保管高さの基準例

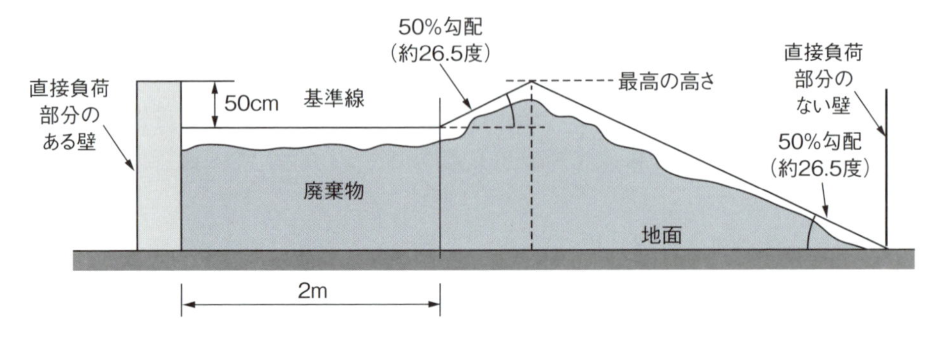

保管基準違反には、直罰ではなく間接罰（157ページ参照）が課されます。まずは自治体による改善命令が発出され、それに従わない場合に罰則の適用がなされます。なお、排出事業場での保管に対する規則は、産業廃棄物にのみ課されるもので、一般廃棄物には保管基準の適用はありません。

図2-1-3は工場での保管場所のイメージと掲示板の例です。この図では保管場所の入り口に扉が設置されていません。工場内の保管場所ですので問題ではないのですが、「扉」や「シャッター」で閉めきることができればとても理想的な施設になります。

図 2-1-3　工場での保管場所のイメージ

資料提供：ユニット株式会社

●保管場所の看板

図2-1-4は建設廃棄物の屋外保管のときの表示例です。継続的な使用が前提となる工場や事業所の保管場所だけではなく、建設現場のような一時的な保管場所であっても看板の表示義務がありますので、忘れずに掲示しなければなりません。

図 2-1-4　廃棄物保管場所の掲示板の例

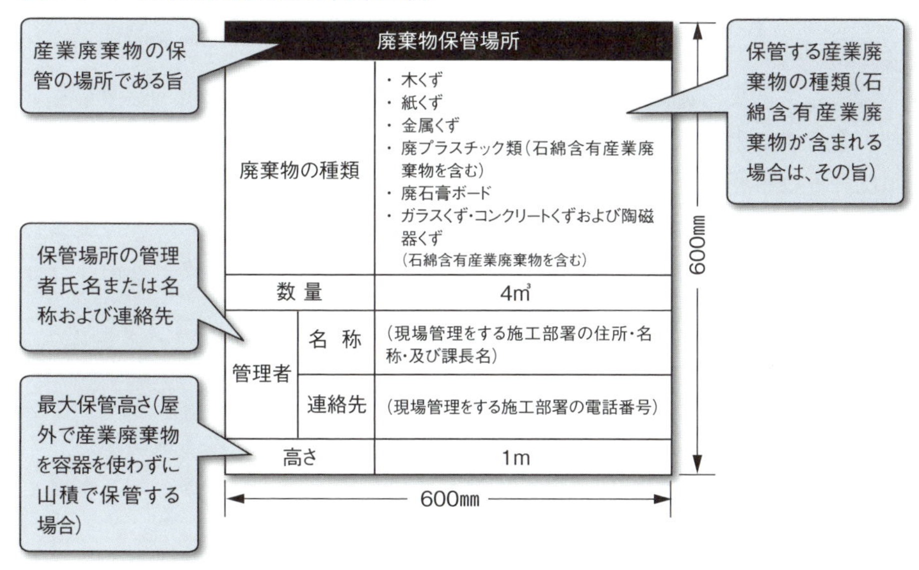

図 2-1-5　保管管理基準違反の典型例

2-2 収集・運搬①
業の許可と車両表示規定

●産業廃棄物は広域移動が前提

収集・運搬とは、排出者の保管場所（排出事業場）から廃棄物を収集し、処分を行う場所まで運搬することをいいます。このバリエーションとして積替・保管施設経由で収集・運搬を行うこともあります。

業として収集・運搬を行うことを収集・運搬業といい、収集・運搬業を営む事業者のことを収集・運搬業者といいます。排出者が自ら行う収集・運搬には許可は不要ですが、産業廃棄物、一般廃棄物の収集・運搬を、他人から委託を受けて行う場合は業の許可を得る必要があります。ただし、一般廃棄物の場合は、業の許可がなくても市町村からの委託を受けて収集・運搬を行うことが可能です。

また、一般廃棄物は前述のとおり域内処理が原則ですので、（一般廃棄物収集・運搬業）許可は当該市町村が担当し、他市町村への運搬は基本的にありません。ただし、最近では単独自治体での処理が困難になる地域が続出しており、複数の自治体が広域連合を設立して処分場の運営を行うケースが増えています。また、焼却灰など、いったん市町村の処理施設で処理された後の廃棄物については市町村をまたいで処分されることもあります。

産業廃棄物の許可は原則として都道府県が担当します。前述したように広域移動による処理が前提となるため、都道府県をまたいで業を営もうとする場合は、荷積み地と荷卸し地双方の都道府県の（産業廃棄物収集・運搬業）許可が必要となります。

●収集・運搬業と運送業

収集・運搬業許可では廃棄物の収集と運搬をセットにすることで、運送業許可によらずに廃棄物の運搬を行うことが認められています。このため、収集を伴わない運搬や有価物の運搬には、収集・運搬業許可のほか原則として運送業許可が必要となりますので、注意が必要です。

●産業廃棄物収集運搬車両に関する規定

産業廃棄物を収集運搬する車両についてもいくつかの法令上の決まりがあります。図2-2-1のように産業廃棄物の収集運搬車両は、車の両側面に産業廃棄物の収集運搬車である旨の表示をしなければなりません。単に表記するだけでなく、文字の大きさも決められており、収集運搬時には常に表示をする必要がありますので注意が必要です。さらに紙に手書きしてテープで貼り付ける程度ではいけないとされています。また、収集運搬業者に頼まずに、自分で運搬する場合にも表示が必要とされています。

もうひとつの決まりが、決められた書面を携行する必要があることです。携行しなければならない書面は表2-2-1のとおりです。

図 2-2-1　収集運搬車両の表示例

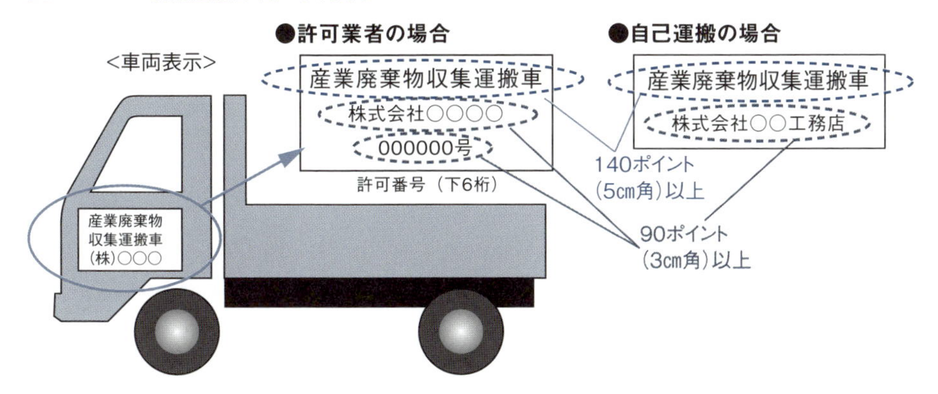

表 2-2-1　収集運搬業者の携行書類

自己運搬の場合	**①以下の事項を記載した書面** 「氏名または名称および住所」、「運搬する産業廃棄物の種類および数量」、「産業廃棄物の積載日ならびに積載した事業場の名称、所在地および連絡先」、「運搬先の事業場の名称、所在地および連絡先」
許可業者の場合	①産業廃棄物収集運搬業の許可証の写し ②産業廃棄物管理票（マニフェスト）

2-3 収集・運搬②
運搬用車両

●収集運搬でよく使われる車両

産業廃棄物の収集運搬に使われる車両は、通常の輸送に使われるトラック（平ボディ車）のほか、ユニック車、ダンプ、パッカー車、フックロール車、トレーラーなどがあります。

平ボディ車とはいわゆる通常のトラックのことをいいます。クレーン（ユニック）の付いたトラックをユニック車といい、荷台を傾斜させる（ダンプアップといいます）ことができる車両をダンプトラックと呼びます。

アーム式脱着装置装着車は運搬用コンテナをアームで脱着させることができるトラックのことをいいます。フックロール、アームロールはメーカーによる呼称の違いです。パッカー車は荷室に圧縮送り機構が装着されたトラックのことをいい、廃棄物の運搬以外にはあまり使われません。

その他、長距離輸送を行う場合は、大型トレーラーを使用する場合もあります。

図 2-3-1　いろいろな運搬用車両

平ボディ車　写真提供：三菱ふそうトラック・バス株式会社

大型深ダンプ

写真提供：新明和工業株式会社

フックロール（コンテナ）車　写真提供：極東開発工業株式会社

パッカー車　写真提供：極東開発工業株式会社

●荷台の高さに注目

荷台を囲う腰壁のようなものを「あおり」といいます。あおりの高さは30〜40cm程度であることが一般的ですが、廃棄物の運搬に使用する車両ではあおりの高さが2mを超えるものまであります。がれき類などの比重の大きなものを運搬する車両はあおりの高さが低く、廃プラスチック類など比重の軽いものを運搬する車両は、あおりを高くして積載効率を高める工夫をします。

図 2-3-2　あおり

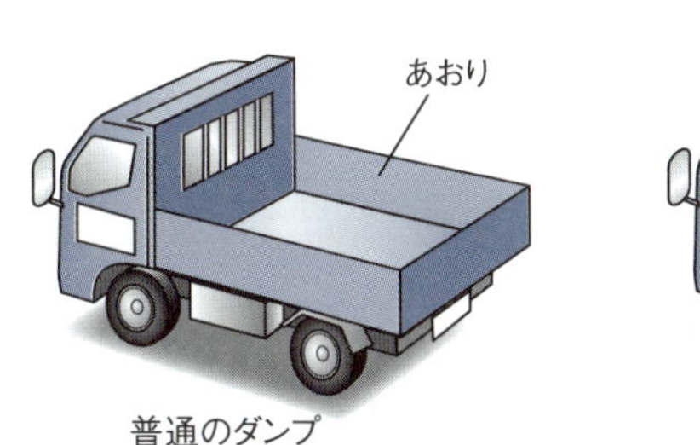

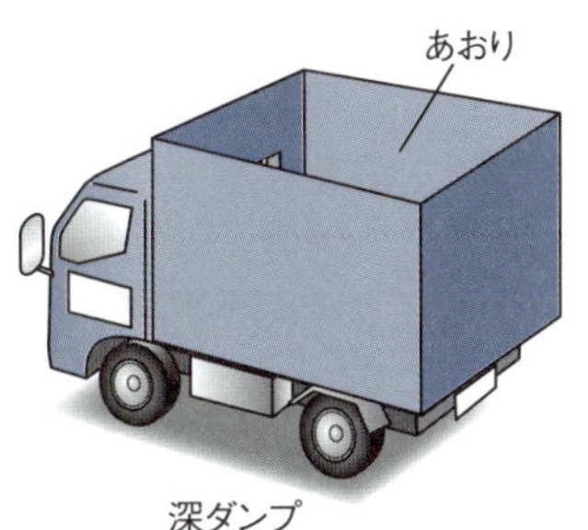

あおりの高い車両に比重の大きい廃棄物を積み込むと、積載量の上限を簡単に超えてしまうため、注意が必要です。廃棄物収集運搬の現場では、「土砂等運搬禁止車両」と書かれたあおりの高い車両をよく見かけます。この車両には、がれき類やガラス陶磁器くずなどの重量物の積載が法律で禁じられています。なお、このような車は「深ダンプ」と呼ばれています（「深ボディ車」ということもあります）。

●特殊な用途の車両

このほか、廃液や汚泥など液状のものを運搬する場合には、廃液運搬車や汚泥運搬車などの専用の車両を使用します。ばいじん、飛灰などは同様に粉粒体運搬車（ジェットパック車）を使用するなど、廃棄物の種類・性状によって使用される車両が異なる点が廃棄物運搬時の特徴のひとつです。

2-4 収集・運搬③
積替保管施設

●積替保管の許可

積替保管とは集荷した廃棄物を、別の車に積み替えて出荷するまでの間一時保管することをいいます。積替保管の許可は単独では取得できず、収集・運搬業許可に積替保管を含む形で付与されます。また、積替保管を含む許可は、処分業の許可と同様に、都道府県または許可権限を持つ政令市（保健所政令市）単位で取り扱われます。

●積替保管施設の保管基準

積替保管を行う施設のことを「積替保管施設」といいます。積替保管施設における保管の基準には、前に説明した保管基準に加えて、

① あらかじめ、積替を行った後の運搬先が定められていること
② 搬入された産業廃棄物の量が、積替場所において適切に保管できる量を超えないこと
③ 搬入された産業廃棄物の性状に変化が生じないうちに搬出すること
④ 積替保管量の上限は、平均搬出量の７日分を超えないこと

等が定められています。

●積替保管施設の運用

積替保管施設に持ち込まれた産業廃棄物は、手選別の後一時保管されることが一般的です。このことは、さまざまな排出事業者の廃棄物が混ぜられ、排出時とは形を変えてしまうことを意味します。また、積替保管施設では廃棄物の選別のほか有価物の抜き取りが可能なため、実際に有価物の抜き取りが行われた場合、積替保管施設に搬入される廃棄物の量と、積替保管施設から搬出される廃棄物の量は異なる結果となります。このことは、「廃棄物の発生から最終処分に至る一連の工程の把握」が極めて困難になることを意味します。

積替保管施設は物流効率化の側面から見た場合は極めて有用です。産業廃棄物の再資源化を促進するためには、廃棄物の広域移動は欠かせない条件のひとつとなるため、積替保管施設の有用性はさらに高まります。

一方、前述のように廃棄物の性状、荷姿、数量などが排出時と異なってしまうため、排出から処分完了までのトレーサビリティ確保に困難を生じさせてしまう側面を強く持っており、排出事業者にとっては取扱いが難しい施設であるといえます。

図 2-4-1　積替保管施設の例（容器使用）

図 2-4-2　屋外保管施設の例

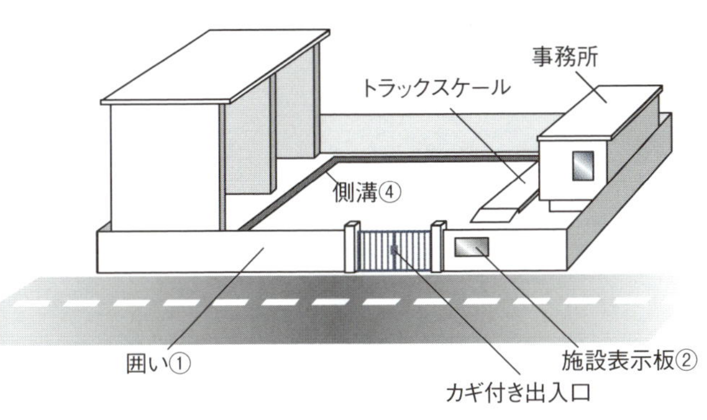

①保管場所の周囲には囲い
②保管場所看板の設置
③害虫等の発生防止措置
④排水溝等を設置、床面を不浸透性の材料で覆う
⑤高さの制限を超えない（図2-1-5参照）
⑥飛散し、流出し、地下浸透し、悪臭等発散防止

2-5 中間処理の概要

●「処分」の定義

中間処理を含む「処分」は環境省の通知で、「廃棄物を物理的、化学的または生物学的な手段によって形態、外観、内容等について変化させること」と定義されています。具体的には安定化、無害化（安全化）、減容（縮減）のうち、少なくともいずれかひとつの行為を伴うものが処分に該当するとされています。

●廃棄物の原材料化とゼロエミッション

いろいろな事業場で発生した廃棄物は、廃棄物処分場に運搬されて処分されます。発生した廃棄物の約8割は中間処理施設に運ばれ、さまざまに加工されてから次工程に送られます。この処理工程を文字通り「中間処理」といいます。廃棄物処理法では中間処理は「処分」に該当し、業として行うことを中間処理業といい、中間処理業を営む事業者を中間処理業者といいます。なお、直接埋立処分されるケースは発生量の２％に過ぎません（図1-4-3参照）。

伝統的な中間処理では、廃棄物の最終処分（埋立）を容易にするために、「減容化、安定化、無害化」等の処分を行います。具体的には埋立量の削減と、環境への悪影響の低減を目的としたものです。最近ではこれら伝統的な中間処理に加え、廃棄物の原材料化（燃料化を含む）を目的とした中間処理が広く行われるようになってきました。

「ゼロエミッション」という言葉があります。1994年に国連大学が提唱したコンセプトで、「ある産業で排出した廃棄物をほかの産業で原材料として使用することで、産業界全体として廃棄物の自然界への放出をゼロにすること」をいいます。中間処理の工程は、まさに異なる産業界をつないで廃棄物の原材料化を推進する「ゼロエミッション」に直結する工程であるといえます（図2-5-1）。

図 2-5-1　ゼロエミッションの概念

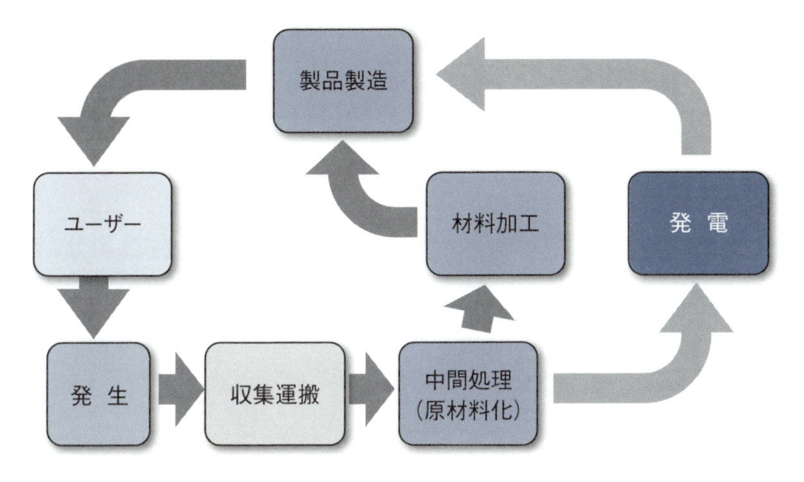

●中間処理の工程

図2-5-2は一般的な中間処理の工程を示した図です。いろいろな事業場から搬入された廃棄物は、①受け入れ確認および計量された後に荷卸しヤードに運ばれ、②展開検査や③粗選別が行われます。その後④一時保管される場合もありますが、⑤ラインに投入され処分された後、⑥処分後の廃棄物種類ごと保管され、出荷を待ちます。⑦保管量が大型トラック１台分の量に達した段階で最終目的地に向け出荷されます。なお、⑤のライン投入～処分の工程については、処分方法によりさまざまなバリエーションがあります。

次節から代表的な中間処理方法について具体的に見ていきます。

図 2-5-2　標準的な中間処理の工程模式図

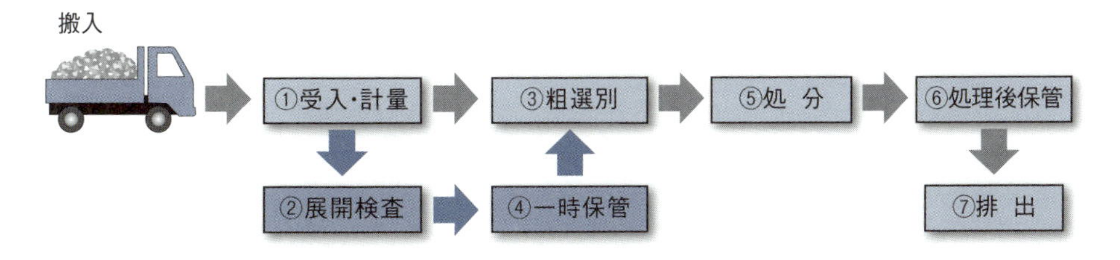

2-6 具体的な処理方法①
選別／破砕

●手選別と機械選別

混合状態の廃棄物（混合廃棄物）は一部の処理を除いてほかの産業の原材料もしくは燃料として使用することはできません。このため、最初に行う行為が「選別」です。文字通り混合廃棄物を選別し、性状をそろえることをいいます。選別の方法は主に人手を使って行う「手選別」と機械で行う「機械選別」に分かれます。

手選別が中間処理に該当するか否かについては自治体によって考え方が異なります。手選別は「積替保管」の一形態で、中間処理ではないとする自治体がある一方、ベルトコンベアと磁選機程度の施設があれば「選別」として中間処理の許可を付与する自治体もあります。

もう一方の「機械選別」は、ほとんどの自治体で中間処理として認められています。機械選別にもいくつかの方法がありますが、ふるいを使った選別方法、風力を使った選別方法、比重差を利用する選別方法などが一般的です。破砕機と各種の選別機を何層にも組み合わせて処理をするととてもきれいに選別をすることができます。

図2-6-1の例は、投入された廃棄物をまずトロンメル（回転篩）を通すことで土砂分を分離し、その後コンベアライン上で手選別を行う施設の典型例です。

図 2-6-1　標準的な選別施設の例

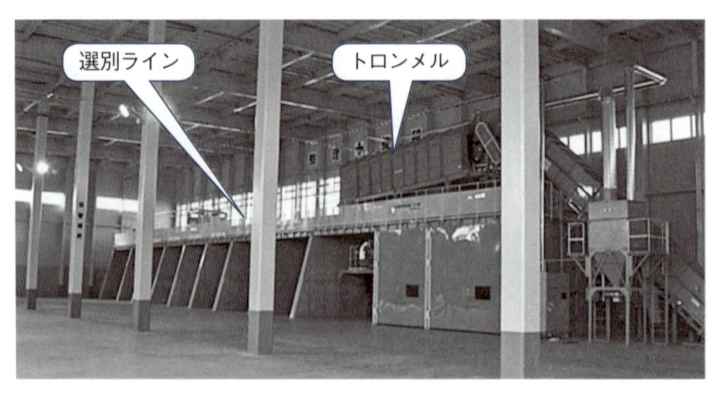

●いろいろな破砕機のタイプ

中間処理の中で最も普及している処理方法が「破砕」です。破砕機を通して廃棄物を細かく砕くことで、体積を減らすことを目的とした処分方法です。破砕機は回転刃の数により1軸から3軸のものに分けられます。また刃の形状により、大きくハンマータイプとシュレッダータイプに分けられます。おおむねハンマータイプは比較的固いものを砕く目的で使われることが多く、シュレッダータイプは比較的やわらかいものを切り刻む目的で使われることが多いようです。両方の性格を兼ね備えたタイプもありますし、刃の強度などでも使い道が変わってくるので、どちらがよいかは一概にはいえません。

「切断」という許可も時折見かけますが、広い意味で破砕に含まれる処分方法です。なお、重機のアタッチメントを替て対象廃棄物を破砕することもありますが、通常は破砕の前処理として行われることが多く、原則として中間処理とはみなされません。

同様に重機で廃棄物を踏みつぶしただけで処理を終える施設も時折見かけます。この処理方法ではあらゆる種類が入り混じったミンチ状の廃棄物が出来上がってしまい、その後の適正な処理が困難になってしまいます。「重機破砕」と呼ばれるこの方法は、中間処理には該当せず、また、焼却の前処理として行うような例外を除き、不適正処理に直結する行為とされています。重機破砕を当たり前に行っている処理施設は要注意施設です。

図 2-6-2　スイングハンマー破砕機の例

写真提供：株式会社ウチダ

一軸ハンマータイプ破砕機の刃の部分

図 2-6-3　重機破砕の典型例

2-7 具体的な処理方法②
圧縮／溶融

●圧縮

廃プラスチック類や紙くずなどの廃棄物は比重が小さいため、発生した状態のままでは運搬効率が悪く長距離輸送には適しません。スクラップに代表される金属くずも、発生したままの状態では空隙率が多く、同様に積載効率が悪いので長距離輸送には適しません。このため圧縮機を使い、空隙率を下げて比重を大きくするとともに、荷姿を整えることで輸送効率の向上を図るために行われるのが「圧縮」です。

圧縮された廃棄物は運搬が容易になるように、番線で梱包されたり、ビニール製のひもで梱包されるほか、薄手のビニールシートでラッピングされたりします。

図 2-7-1　標準的な圧縮機の例

段ボール、廃フィルム等を圧縮する連結式圧縮減容機・ORWAK9020

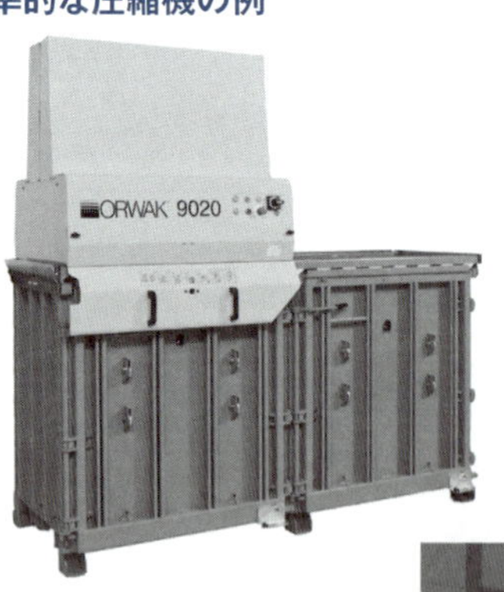

写真提供：オーワック・トムラ・コンパクション株式会社

写真提供：達栄工業株式会社

写真提供：達栄工業株式会社

●低温溶融と高温溶融

熱を使って廃棄物を溶かして減容することを「溶融」といいます。廃プラスチック類のように比較的低温で溶融できるものと1,300℃を超える高温でほぼすべての廃棄物を溶融する方法に分かれます。なお、高温溶融は一般的には次項でふれる焼却のバリエーションとみなされています。

廃プラスチック類の溶融は比較的低温で行われます。発泡スチロールは溶融後、インゴット状に固化され、売却されます。ポリエチレンやポリプロピレンなどは溶融後繊維状に伸ばされ、除熱された後細かく砕かれてペレット状に加工されて販売されます。

図2-7-2　発泡スチロールの溶融機の例（左）と溶融・固化されたスチロールインゴット（右）

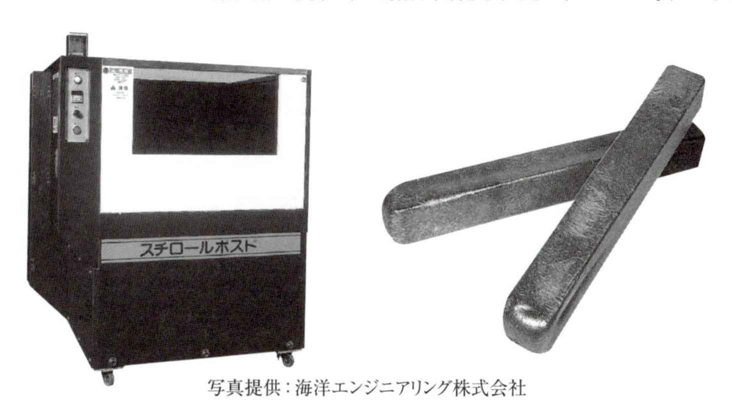

写真提供：海洋エンジニアリング株式会社

溶融のバリエーションには「溶融・固化」、「破砕・溶融」などがあります。ペレット製造は「溶融・破砕」とか「造粒」と呼ばれることもあります。

一方、高温溶融の典型例は「ガス化溶融」と呼ばれています。こちらは、ほぼすべての種類の廃棄物の受け入れが可能なしくみです。500℃～600℃で蒸し焼き（炭化）にする前工程を経て、溶融炉に投入され、1,300℃～2,000℃の高温で溶融されます。炭化工程で蒸し焼きされた廃棄物は溶融炉に送られ、高温溶融されます。このときに発生する可燃性ガスを回収して、発電設備の燃料として利用するほか、溶融スラグと呼ばれる焼却灰は路盤材などに利用されます。また、溶融時に発生する溶融メタルは製錬会社に送られて金属原料として利用されます。

2-8 具体的な処理方法③
焼却

廃棄物を燃やして縮減することを「焼却」といいます。燃やすとダイオキシンが発生したり、飛灰が発生したりして強い環境負荷を与える可能性があるため、厳格な維持管理基準、構造基準が定められています。概要は表2-8-1、表2-8-2のとおりです。

表 2-8-1　廃棄物焼却施設の構造基準の概要

		構造基準の概要
①	燃焼室	外気と遮断して廃棄物を連続して定量供給できる投入装置があること（一部適用除外）
②		外気と遮断されていること
③		800 ℃以上（2秒以上保つ）で焼却可能であること
④		燃焼に必要な空気を供給できる設備が設置されていること
⑤		助燃装置が設置されていること
⑥	測定記録装置	燃焼室の温度を連続して測定、記録できること
⑦		排出ガスの温度（冷却装置通過後）を連続して測定、記録できること
⑧		排出ガスの一酸化炭素濃度を連続して測定、記録できること
⑨	排ガス	排出ガスをおおむね200 ℃以下に冷却できる装置があること
⑩		高度のばいじんが除去機能を持つ排出ガス処理設備があること
⑪	煤塵焼却灰	煤塵と焼却灰を分離して排出・貯留できる灰出し設備、貯留設備があること
⑫		煤塵または焼却灰が飛散・流出しない灰出し設備であること

表 2-8-2　廃棄物焼却施設の維持管理基準の概要

	主な維持管理基準
①	廃棄物の燃焼室への投入は外気と遮断した状態で定量・連続的に行うこと（一部適用除外）
②	燃焼ガスの温度を800 ℃以上に保つこと
③	燃焼ガスに含まれる一酸化炭素濃度を100ppm 以下になるよう燃焼すること
④	集塵機に流入する排出ガスをおおむね200 ℃以下に冷却すること
⑤	燃焼ガスの温度、集塵機に流入する排出ガスの温度を連続して測定、記録すること
⑥	排ガス中の一酸化炭素濃度を連続して測定、記録すること
⑦	排ガス中のダイオキシン類濃度を年１回以上測定、記録すること
⑧	焼却灰の熱しゃく減量が10 %以下になるよう焼却すること
⑨	煤塵と焼却灰を分離して排出、貯留すること
⑩	消火設備を備えること、火災防止のための措置を講ずること

主な焼却炉の構造は、セメント製造に使われるものと同様の「ロータリーキルン式」、比較的構造が簡単な「ストーカー炉」、大型の炉に多い「流動床炉」に大別されます。また、これらの組み合わせで構成される焼却炉もあります。

溶融の項で説明したガス化溶融炉も焼却炉の仲間です。こちらは流動床炉式、シャフト炉式などの「ガス化燃焼方式」と、サーモセレクト式と呼ばれる「ガス化改質方式」の2種類が代表的です。

図 2-8-1　セメント会社のロータリーキルン

写真提供：太平洋セメント株式会社

図 2-8-2　キルン+ストーカー炉のモデル

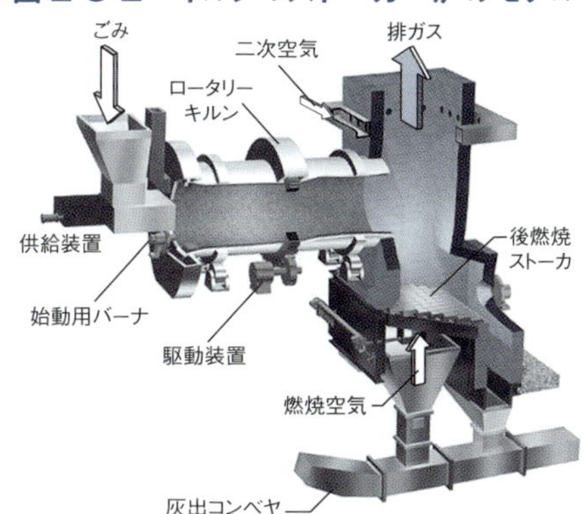

資料提供：株式会社タクマ

図 2-8-3　廃棄物焼却施設の構造基準と維持管理基準

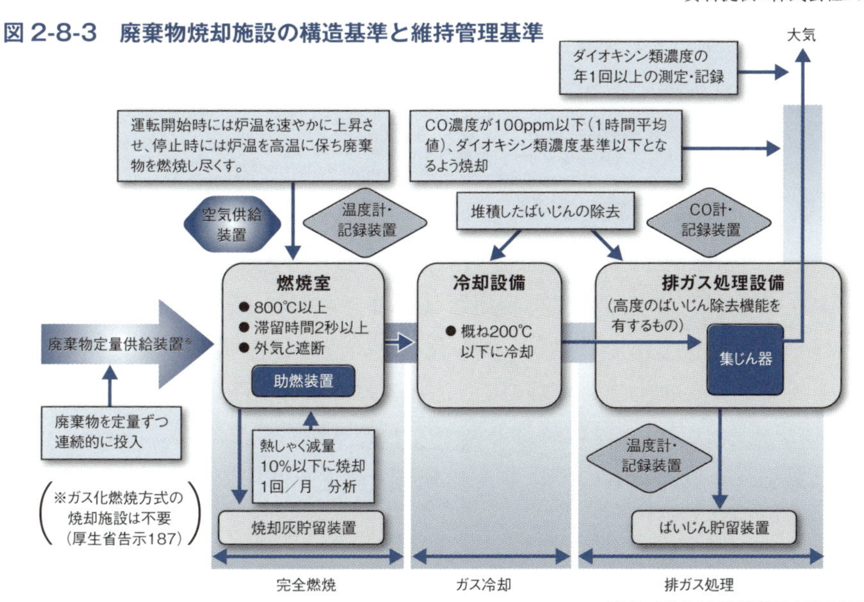

出典：平成19年版環境白書より転載

2-9 その他の中間処理の方法

　ここまで代表的な中間処理方法について説明してきましたが、中間処理にはまだまだたくさんの種類があります。産業廃棄物管理票の電子版、電子マニフェストには今まで説明したもの以外に、「脱水」、「乾燥」、「油水分離」、「中和」、「固形化」、「焙焼」、「分解」、「洗浄」、「滅菌」、「消毒」、「煮沸」といった中間処理の方法が用意されています。

●脱水、乾燥、油水分離

　「脱水」、「乾燥」は主に汚泥などの水分を多く含む廃棄物の処理方法です。いずれも水分量を減らして泥状のものを固形化するとともに、減容することで最終処分量を減らしたり、再生原料としての価値を持たせることが目的です。「油水分離」は名称のとおり油分と水分を分ける処理方法です。工場排水などに含まれる油分を取り除くことを目的としており、遠心分離や透過膜利用、不織布、油水分離槽などを用いて分離します。取り除いた油分は焼却処分されることが一般的ですが、最近はリサイクル利用が増えてきています。なお、水分は環境基準を満たしたうえで下水放流されることが一般的です。

●中和、固形化、焙焼、分解

　「中和」は廃酸、廃アルカリなどの廃棄物の処理方法です。処理する廃棄物にもよりますが工業塩として再利用される場合もあれば、中和汚泥として汚泥処理される場合もあります。「固形化」というのは液状もしくは泥状のものに薬品等を加え固化させるもので、汚泥のコンクリート固化が代表的です。「焙焼」は処理の内容はほぼ焼却と変わるところがありません。「分解」についてはあまり一般的なものではなく熱分解や高温分解のような形がみられるようです。

●洗浄、滅菌、消毒、煮沸

「洗浄」、「滅菌」、「消毒」、「煮沸」は主に医療系の廃棄物の処理方法ですが、こちらも決して一般的なものではなく、医療系廃棄物は焼却処理されるケースが圧倒的に多くなっています。

●その他の処理方法

これらに加え、たとえば「溶融固化」や「圧縮梱包」、「選別破砕」などといった、複数の処理方法を組み合わせたものもあります。また、新しい中間処理技術が開発されるたびに処理の名称も増加していく傾向にあり、紹介した処理方法以外にもさまざまな名称を持つ中間処理方法があります。

図 2-9-1　遠心分離機のフロー図例

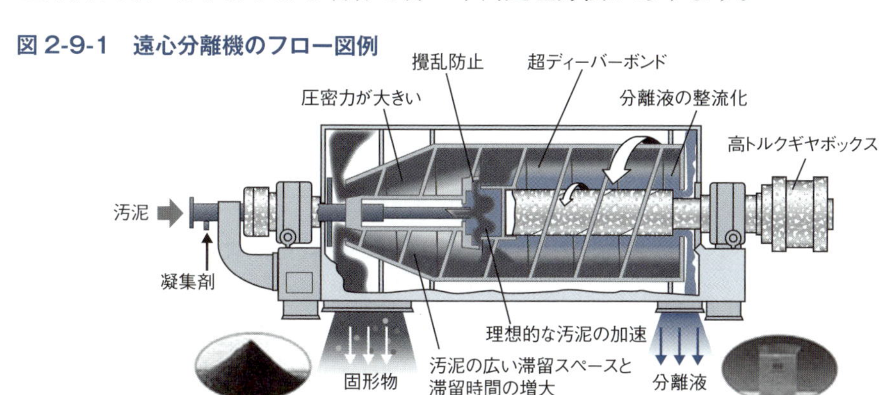

資料提供：巴工業株式会社

図 2-9-2　中和装置のフロー図例（1 段処理フローシート）

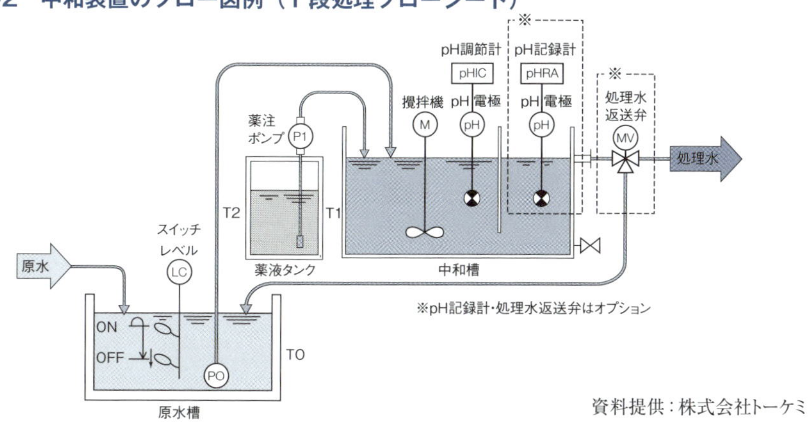

資料提供：株式会社トーケミ

2-10 再生

●再生の定義

廃棄物を加工して原材料（燃料含む）化することを廃棄物処理法では「再生」と呼んでいます。いわゆるリサイクルのことで、物質として再利用する「マテリアルリサイクル」、化学反応を利用して行う「ケミカルリサイクル」、原材料化が困難な廃棄物から熱を回収して再利用する「サーマルリサイクル」の3種類があります。いずれの場合でも、廃棄物を種類ごとに精度よく分別することが大前提となります。

図2-10-1は「コメットサークル」と呼ばれています。株式会社リコーが1994年に発表したもので、「持続可能な社会実現のコンセプトとして、製品メーカー・販売者としてのリコーグループの領域だけでなく、その上流と下流を含めた製品のライフサイクル全体で環境負荷を減らしていく考え方を表したもの」（株式会社リコーＨＰより引用）で、持続可能性アプローチの全体像がとてもよく表現されているとともに、持続可能性アプローチの中に占めるリサイクルの位置付けが明確にされている点でも注目されます。

図 2-10-1　コメットサークル

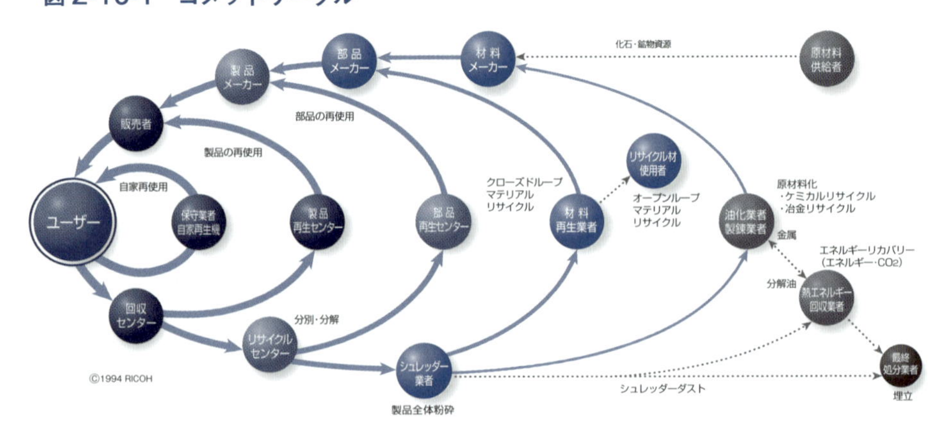

資料提供：株式会社リコー

●マテリアルリサイクル

廃棄物を加工し、原材料として再利用するマテリアルリサイクルには大別して以下の種類があります。

① 廃棄物の処理工程が製造工程と重複するもの
② 廃棄物の一次処理で製品化されるもの
③ 数次の処理工程を経て原料化され、製造工程に投入されるもの

①のケースの代表例としては、無機汚泥や石炭灰をセメント製造工程に投入するケース(4-1節参照)が挙げられます。②の代表例としては、コンクリートがら(3-3節参照)や無機スラグ(鉱さい)を破砕・分級し路盤材として利用するケースが挙げられます。

③の事例には、木くずをチップ化して合板の原料に利用するケース(図2-10-2参照)、紙くずを薬品槽で溶解し、パルプに戻したうえで再度紙製品を製造するケース、レアメタルのように真空加熱による熱分解により原料を取り出し、製錬工程を経てインゴット化したうえで原料として利用されるケースなど多様な方法があります。

図 2-10-2　木くずのパーチクルボード化の工程

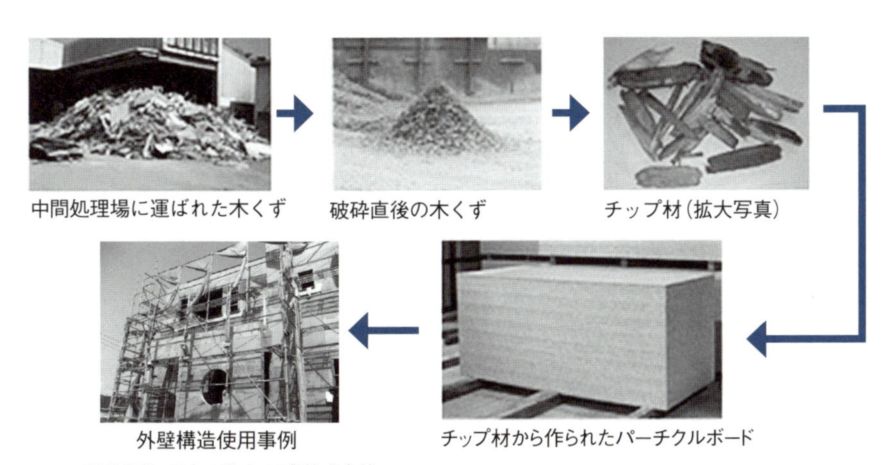

写真提供:日本ノボパン工業株式会社

●ケミカルリサイクル

ケミカルリサイクルには大別して表2-10-1に掲げた5つの技術があるとされています。特徴と併せて紹介します。

表2-10-1　ケミカルリサイクルの種類

①高炉原料化技術	高炉でコークスの代わりに還元剤として利用される。コークスと違ってプラスチックの主要成分は炭素と水素なので、銑鉄生産時の二酸化炭素排出量が少ない。
②コークス炉化学原料化技術	廃プラスチックを圧力下で高温（600℃から1,300℃）で熱分解し、高炉の還元剤となるコークス、化学原料となる炭化水素油、発電などに利用されるコークス炉ガスを得る。
③ガス化技術	酸素の量を制限して加熱することにより、プラスチックの大部分が炭化水素、一酸化炭素、そして水素になり、メタノール、アンモニア、酢酸など化学工業の原料に利用される。
④油化技術	約400℃下で改質触媒を用いて、プラスチックを完全に熱分解し、炭化水素油を得る。一般廃プラの処理には、如何に塩素分を除去するかが重要になる。
⑤原料・モノマー化技術	廃プラスチック製品を化学的に分解し、原料やモノマーに戻し、再度、プラスチック製品に活用する。

出典:（経済産業省　循環型社会システム動向調査「プラスチックのケミカルリサイクルの動向調査」(2005.3) 第3章より引用）

図2-10-3は⑤のモノマー化技術の事例です。繰り返しリサイクルを行っても品質の劣化がない優れたリサイクル技術です。

図2-10-3　帝人の循環型ケミカルリサイクル

●サーマルリサイクル

サーマルリサイクルには次の二通りの方法があります。

① 廃棄物の焼却時に発生する熱を熱源として利用する方法
② 廃棄物を加工し燃料を製造する方法

①はさらに蒸気を使用して蒸気タービンを運転し電気を得る方法と、蒸気をそのまま熱源として利用する方法に分かれますが、発電のほうがより一般的な利用方法で、熱の回収率は最新の施設で約10％（図2-10-4参照）です。

②にはRPF・RDF（3-8節参照）と呼ばれるごみ固形化燃料を製造するケース、燃焼を通してガスを製造し、燃料化するケースなどがあります。ケミカルリサイクルで説明した③および④は、サーマルリサイクルとの境界領域の技術であるともいえます。

図2-10-4　サーマルリサイクル（廃棄物発電）の事例

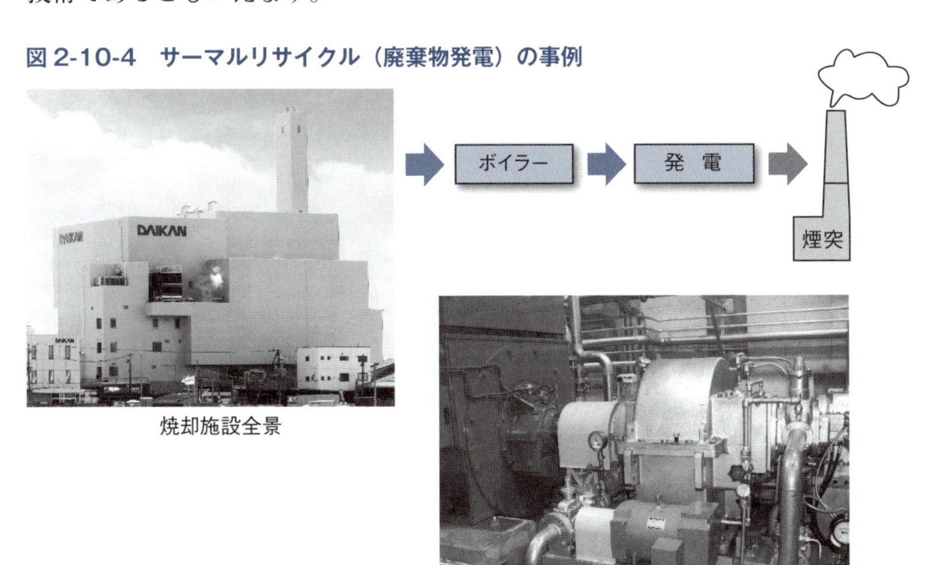

焼却施設全景

施設内発電機タービン

資料提供：株式会社ダイカン

2-11 最終処分

「最終処分」とは埋立のことをいいます。最終処分場は内陸に設置する場合と海面埋立をする場合の二通りがあります。海面埋立はほとんどの場合地方公共団体が主体者となり設置しますが、内陸設置される最終処分場は、むしろ民間設置のほうが多いようです。

設置基準の見直しや住民同意の問題など、設置に向けたハードルが年々高まっていることから、最近では新規開設数が減少傾向にあります。このため、最終処分場のひっ迫が社会問題化したこともあり、最終処分量の削減が強く望まれるようになりました。ただ、近年は廃棄物の再生利用が進み始めていて、埋め立て残余量はここ数年横ばいの状況が続いています(図2-11-1、2-11-2参照)。最終処分場は、その機能により「安定型」「管理型」「遮断型」の3つに分類されています。

図 2-11-1　最終処分場の新規許可件数の推移（産業廃棄物）

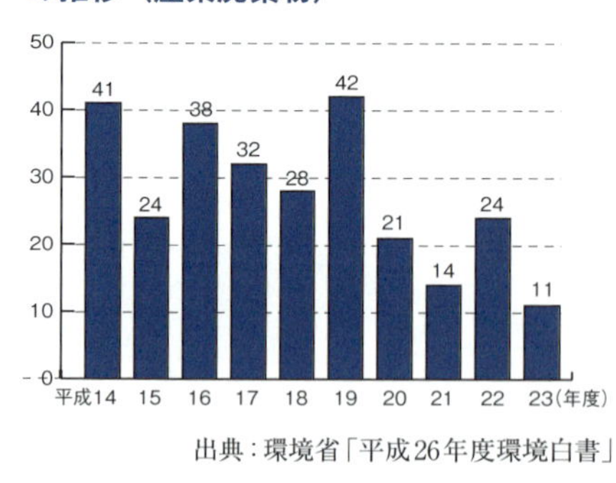

出典：環境省「平成26年度環境白書」

図 2-11-2　最終処分場の残余容量および残余年数の推移（産業廃棄物）

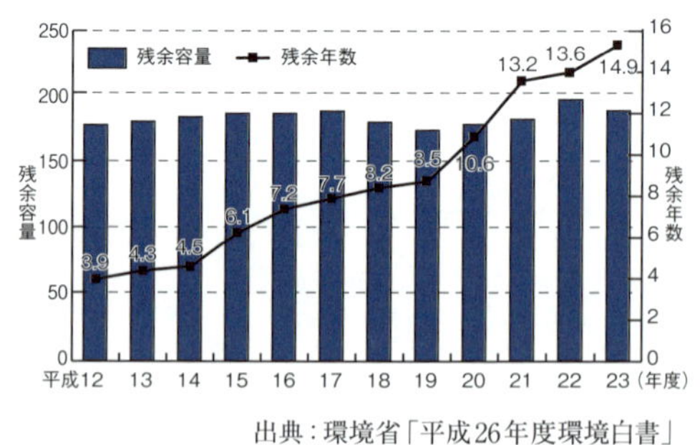

出典：環境省「平成26年度環境白書」

●安定型最終処分場

自然環境への影響が少ない廃棄物を埋立てることができる施設が「安定型最終処分場」です。がれき類、ガラス陶磁器くずおよびコンクリートくず、金属くず、廃プラスチック類、および石綿含有産業廃棄物等のうち、雨水にさらされてもほとんど変化しない廃棄物を埋立対象物としている処分場です。これらの廃棄物

図 2-11-3　安定型最終処分場の概要と覆土の模式図

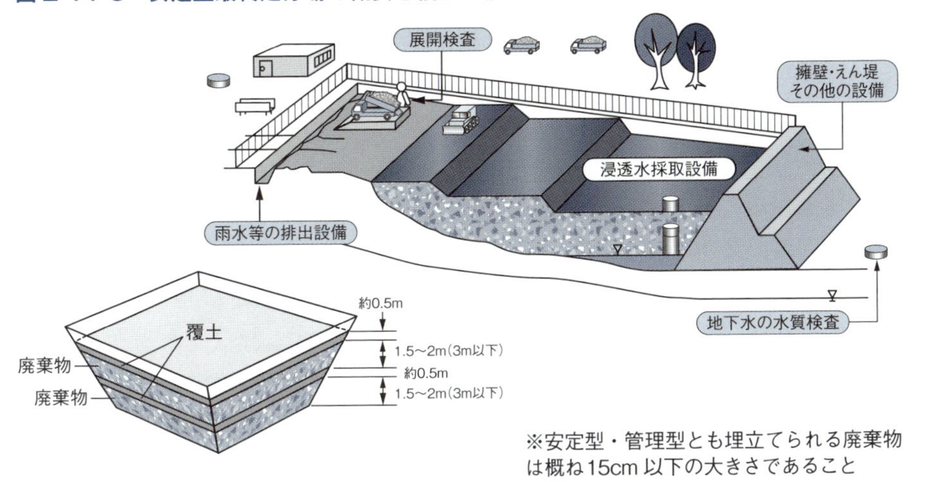

※安定型・管理型とも埋立てられる廃棄物は概ね15cm以下の大きさであること

図 2-11-4　管理型最終処分場の概要

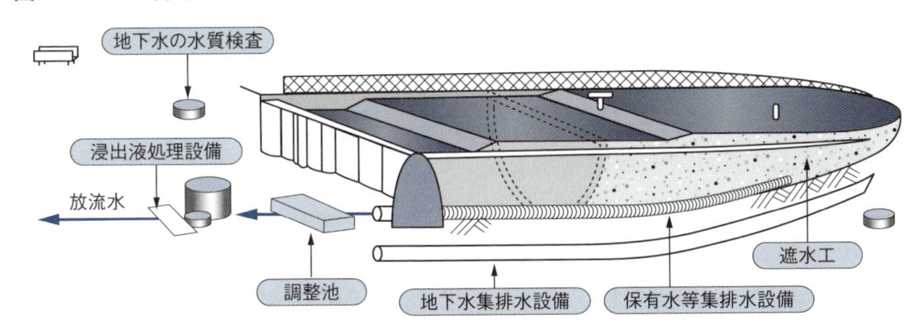

図 2-11-5　遮断型最終処分場の概要

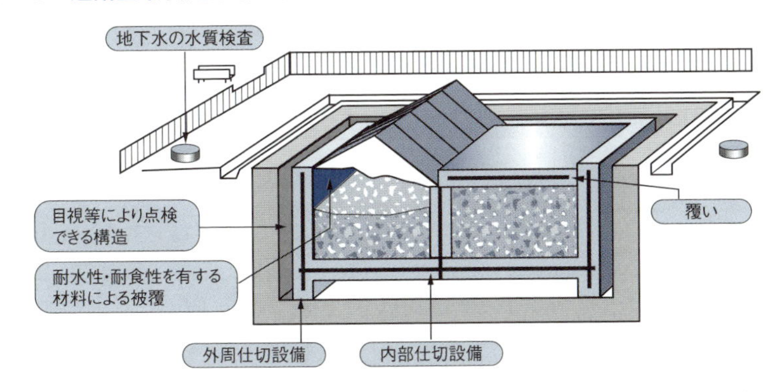

資料提供：「誰にでもわかる日本の産業廃棄物」公益財団法人産業廃棄物処理事業振興財団

は埋立てても組成に大きな変化が生じないので安定型産業廃棄物と呼ばれることが一般的です。なお、滋賀県では「琵琶湖条例」により金属くずの安定型処分場への埋立が禁じられています。

●管理型最終処分場

管理型最終処分場は雨水にさらされると有害物質の溶出が懸念される廃棄物のうち、遮断型でしか処理することができないものを除いた廃棄物を埋立てることのできる処分場です。有害物質が溶出した雨水は地下水汚染の原因となるため、管理型処分場では雨水の地下浸透防止設備（遮水シートなど）を設置するとともに、排水の無害化処理施設の設置が義務付けられています。具体的には、廃油（タールピッチ類に限る）、紙くず、木くず、繊維くず、動植物性残さ、動物のふん尿、動物の死体および燃え殻、ばいじん、汚泥、鉱さい（一部の鉱さいは安定型への埋立が可能）等を埋立処分します。

●遮断型最終処分場

遮断型最終処分場は有害な燃え殻、ばいじん、汚泥、鉱さいなどの、政令で指定されたものを埋立てる処分場です。流出すると環境への悪影響が顕著なため、廃棄物中の有害物質を自然から隔離するために、処分場内への雨水流入防止を目的として、覆い(屋根等)や雨水排除施設(開渠)が義務付けられています。

遮断型最終処分場の構造基準と維持管理基準の概要は以下のとおりです。

また各処分場には、目的に応じた構造基準と維持管理基準が定められています（表2-11-1）。

表 2-11-1　最終処分場の主な構造基準と維持管理基準

	安定型最終処分場	管理型最終処分場	遮断型最終処分場
構造基準	浸透水採取設備の設置 擁壁・堰堤その他の設備の設置 雨水等の排出設備の設置 観測井の設置	浸出液処理設備の設置 2重の遮水層の設置 保有水等集排水設備の設置 地下水集排水設備の設置 調整池の設置	外周・内部仕切り設備などの貯留構造物の仕様設定 1区画の埋立面積（50㎡以下）と埋立容量（250㎥以下） 覆いの設置 耐水性・耐食性を有する材料による被膜の設置 目視により点検できる構造
維持管理基準	搬入廃棄物の展開検査の実施 浸透水（地下水）の水質検査の実施 周辺モニタリングの実施	雨水流入防止措置 浸透水（地下水）の水質検査の実施 周辺モニタリングの実施 放流水水質の排出基準の遵守 発生ガスの適正管理	雨水流入防止措置 浸透水（地下水）の水質検査の実施 周辺モニタリングの実施

第3章

廃棄物種類別の中間処理施設

前章では処理の流れの中で行われる各工程について包括的な説明をしました。
実際の廃棄物処理では、廃棄物の種類によって処理を行う施設が異なるため、
この章では前章と異なる方向から中間処理施設にスポットを当てて、
より具体的な作業内容について、発生量の多い廃棄物から
順番に説明を進めていくこととします。

3-1 汚泥処理施設

汚泥には上下水道由来のもの、建設系のもの、廃液処理に伴って発生するもの、食品系のものなどがあり、泥状の廃棄物であればすべて汚泥に分類されます。したがって、ひと口に汚泥といってもさまざまな性質を持つため、処理の方法もそれぞれ異なっています。共通の性質として含水率が高いことが挙げられ、そのために処理の工程には必ず脱水工程が含まれます。

2-9節では脱水についてあまり詳しい説明をしませんでしたので、ここで少し補足をしておきます。汚泥の脱水方法には遠心力を利用する「遠心分離」、減圧して水分を抽出する「真空脱水」、圧力を加えて水分を押し出す「ベルトプレス」、「フィルタープレス」などがあります。なお、脱水工程で分離された廃液は、3-8節で説明する廃液処理工程を経て公共下水道に放流されることが一般的です。

●浄水汚泥、下水汚泥の処理

汚泥の発生量は上下水道由来のものがほぼ50%、製紙・パルプ系が20%弱、建設系と砕石・砂利採取に伴う汚泥が併せて10%強、化学工場由来のものが約6%、食品系約4%となっていて、これらの合計でほぼ90%を占めています（図1-4-5参照）。汚泥の分類方法には有機汚泥と無機汚泥に分ける方法もあります。以下にいくつかの処理フローを図示します。

図3-1-1は浄水汚泥の処理例です。基本的な汚泥の処理方法のひとつで、ここでは園芸用土にリサイクルされる形をとっていますが、焼却処理や、最終処分されるケースもあります。

図3-1-2は下水汚泥や食品汚泥（食品残さ含む）等の典型的な処理方法のフロー図です。このフローはとても新しいもので肥料製造やメタンガス生成が行われ、リサイクル率の向上やCO_2の削減に大きく寄与しています。

図 3-1-1　浄水汚泥（浄水発生土）の循環利用について

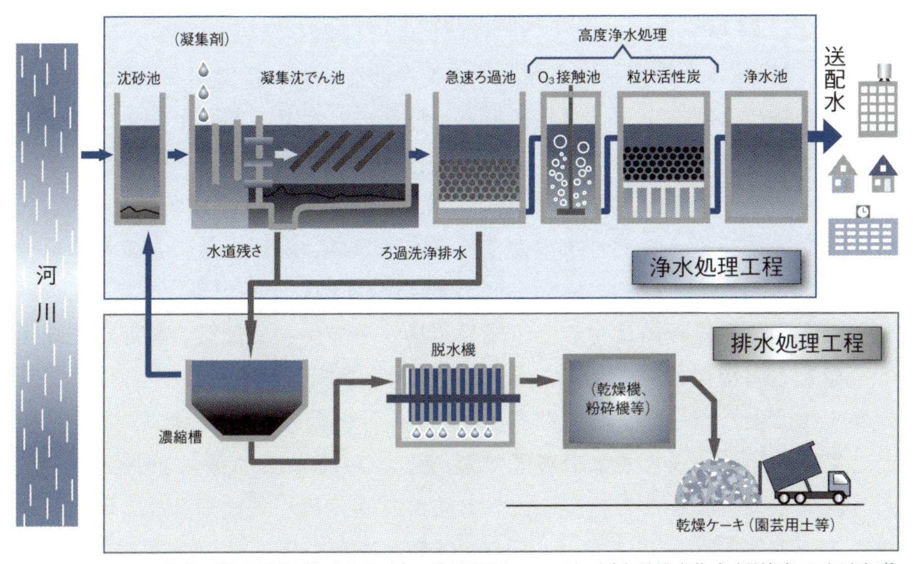

出典：「浄水汚泥（浄水発生土）の循環利用について」　厚生労働省作成（環境省 HP）より転載

図 3-1-2　下水汚泥や食品汚泥等の典型的な処理フロー

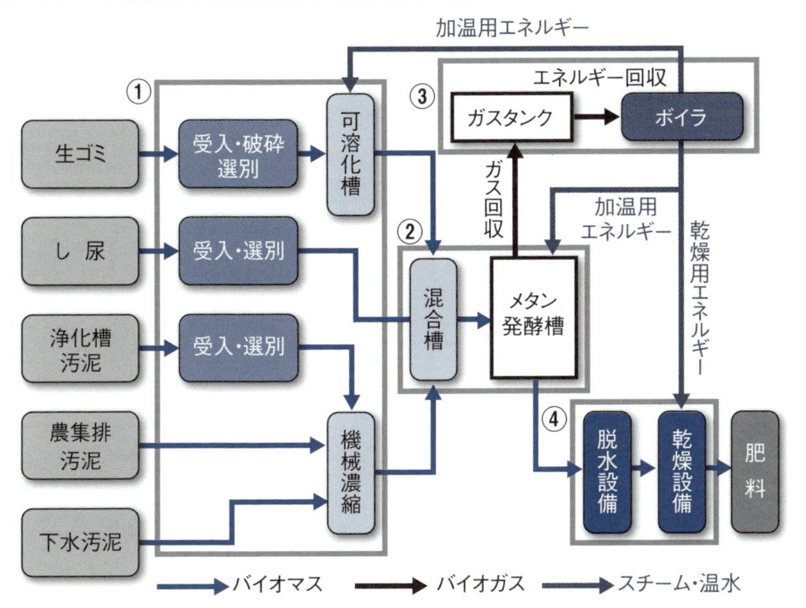

出典：日本下水道事業団　「下水汚泥と食品廃棄物混合処理の現状と課題について」（平成25年5月）より抜粋

●化学工場由来汚泥、建設汚泥の処理

図3-1-3は化学工場由来の汚泥処理の標準的なフロー図です。化学工場由来の汚泥の特徴は酸性を示したりアルカリ性を示したりすることが多く、また重金属を含む場合もあるために、中和に代表される廃液処理工程が含まれることです。廃液処理後、脱水工程を経て焼却処理されるケースが一般的で、大掛かりな設備を備えた処理施設が多く存在します。焼却残さに含まれる重金属は、最近では製錬施設に運ばれ回収、再利用されることが多くなりました。

これらの汚泥処理に比べると、建設現場から発生する通常の汚泥や浚渫土は、もともと土であったものに大量の水分が含まれて泥状になったもので、乾燥すれば土と同一性状になることがほとんどのため、脱水(乾燥)後、残土として再利用されることが一般的です。脱水の方法には大きく2種類があり、天日乾燥や強熱乾燥など乾燥による方法と、固化剤や調整剤を加えて水分調整をする方法とがあります。一部の有害物質を含む汚泥はコンクリート固化やガラス固化された後に管理型埋立処分場で最終処分されます。

図 3-1-3　化学工場由来の汚泥処理の標準的なフロー

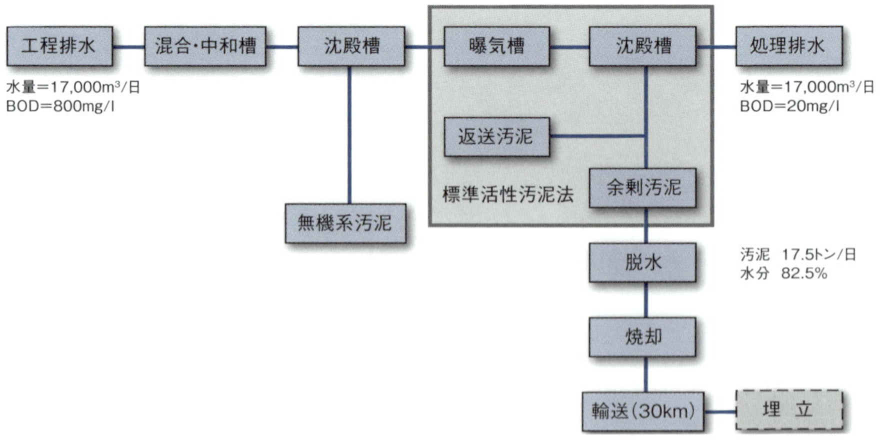

出典：経済産業省四国経済産業局ホームページ

3-2 堆肥化施設

　汚泥に次いで発生量が多い廃棄物が畜産農業より発生する動物の糞尿です。ほぼ全量が堆肥化され、有機農業などで利用されています。堆肥は原料を発酵させて作りますが、作り方は「無通気型堆積発酵法」、「通気型堆積発酵法」、「開放型機械撹拌発酵法」、「密閉型発酵法」の4種類があるとされます。「無通気型」および「通気型」では切り返し作業（人手や重機によって撹拌する作業）が必要です。「開放型」および「密閉型」は施設に撹拌機が設置されていますので切り返し作業も自動化されています。

　建設工事から発生する木くずについても一部堆肥化されるケースはありますが、一般的ではありません。

図 3-2-1　開放型機械撹拌発酵堆肥化施設の例

写真提供：新農業機械実用化促進株式会社

3-3 がれき類の処理施設

がれき類の処理施設にはコンクリートがらを主に扱う施設とアスファルトコンクリートを主に扱う施設の2種類があります。いずれの施設でも「ガラスくず、コンクリートくずおよび陶磁器くず」の受け入れも行うことが一般的です。

●コンクリートがらの中間処理（再生砕石・砂製造施設）

コンクリートがらを主に扱う施設のことを俗に「がら処分場」等ということがあります。建設工事で発生するコンクリートがらなどを受け入れ、破砕・分級し再生砕石や再生砂等に加工し販売しています。分級とはふるいを使って砕石粒度の調整を行うことをいいます。コンクリートがらのみを受け入れる処分場もありますが、多くの処分場では「ガラスくず、コンクリートくずおよび陶磁器くず」の受け入れを行っています。

コンクリートがらの再生利用率は96 %に達していますが「ガラスくず、コンクリートくずおよび陶磁器くず」が混ざると再生利用率が下がってしまうため、リサイクル率を維持するためには受け入れ後の分別を徹底する必要があります。なお、販売のできない残さは安定型処分場で埋立処分されます。

比較的大規模な処分場は単体で設置・運営されることが多く、中小規模の施設は総合型の中間処理場（多種類の廃棄物の処理を行う処分場・3-6節参照）に設置されることが多いようです。

図 3-3-1　がれき類破砕施設の標準的な処理フロー

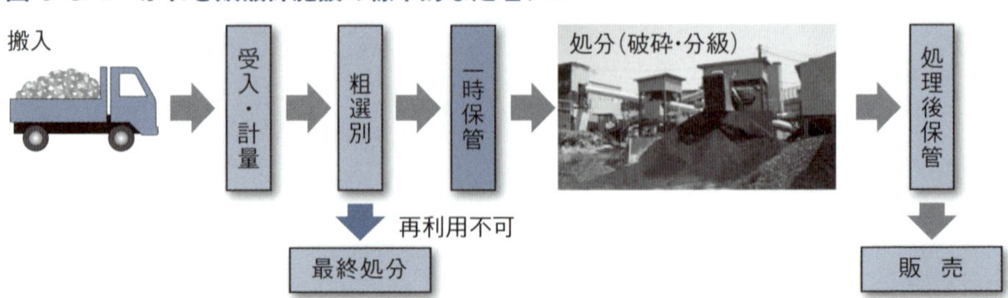

図 3-3-2　一時保管のがら（左）と処理後の再生砕石（右）

●アスファルト合材工場

アスファルト舗装用の資材を製造する工場を「アスファルト合材工場」といいます。アスファルトコンクリートとは、アスファルトと骨材で構成される舗装材のことを指しますが、単にアスファルトまたはアスコンと呼ばれるほうが一般的です。

アスファルト合材工場では、新しいアスファルトと骨材で舗装材を製造するほか、古いアスファルトコンクリート片を受け入れ、再生利用を行っています。骨材には、主にコンクリートがらを砕いた再生砕石を使用するほか、ガラスくず、コンクリートくずおよび陶磁器くずを破砕したものも使用が可能です。合材工場が受け入れるガラスくず、コンクリートくずおよび陶磁器くずはコンクリートがらと同様にほぼ100％近くがリサイクルされます。

大規模なコンクリートがら処分場と同様に、アスファルト合材工場はほぼ単体で設置されています。また、アスファルト合材は舗装工事終了までの温度管理が必要なため、偏りがなく日本全国に設置されていることにも大きな特徴があります。

図 3-3-3　アスファルト合材工場の標準的な処理フロー

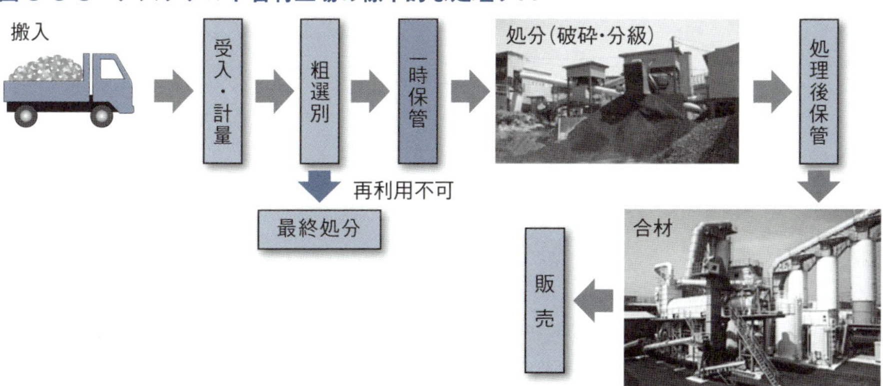

3-4 金属くず、木くず、廃プラスチック類

●廃プラスチック類の中間処理施設

廃プラスチック類の発生量は、重量ベースでは約636万トンと少ないのですが、容量ベースでは約1,820万㎥（環境省のかさ比重0.35で計算）の発生量があります。たとえば、がれき類は重量ベースでは約6,000万トンと10倍近い発生量がありますが、容量ベースでは約4,000万㎥（環境省のかさ比重1.48で計算）と、2倍程度の発生量であることがわかります。

プラスチック原料のほとんどは石油類なので、廃プラスチック類は比較的容易に再利用が可能な物質であるといえます。にもかかわらず最終処分量は20％もあり、ほかの廃棄物と比べて再資源化が遅れています。これは、廃プラスチック類はとても軽いために運搬効率が悪く、排出した状態のままでは長距離輸送が困難なことが一因であると思われます。また、廃プラスチック類はとても種類が多いため、リサイクルにあたっては組成ごとに分別を行う必要があり、これも最終処分量の多い要因のひとつであるといえます。

組成ごとに分別を行う必要があるのは、たとえば廃塩化ビニールは塩化ビニール製品へ、廃発泡スチロールはスチロール樹脂というように、同一性状の素材に再生利用されるためです。したがって廃プラスチック類の処分では、中間処理工程において選別、破砕、圧縮、溶融等を行うことが極めて重要であるといえます。特に選別については手作業による選別のほか、赤外線等の光線を利用した光学選別機やX線を使用するX線選別機、比重差選別機など高度な選別機械を設置して行うケースがあります。サーマルリサイクルの場合は、塩基を多く含む塩ビなどを除去すれば足りますので、それほど細かく選別する必要性はありません。

廃プラスチック類の中間処理施設は、専用の施設は極めて少なく、総合型中間処理施設の中に設置されるケースがほとんどです。なお、中間処理後に最終処分される場合は、粗選別工程後破砕および圧縮され、最終処分場に運搬されて埋立てられます。

図 3-4-1　廃プラスチック類中間処理施設の標準的な処理フロー

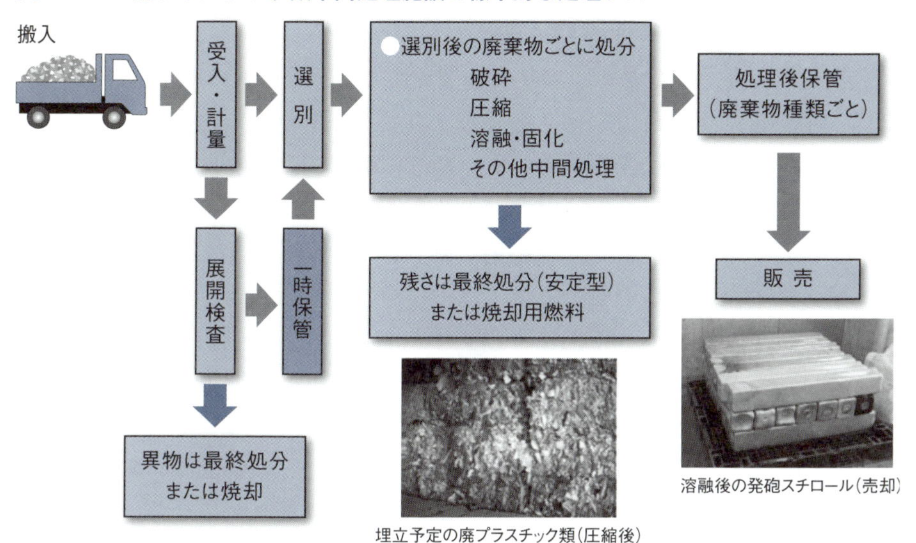

図3-4-2は光学式プラスチック類ソータの模式図の例です。光学センサーとエアガンを連動させ、高精度の選別を行うことができます。

図 3-4-2　光学式プラスチック類ソータの模式図

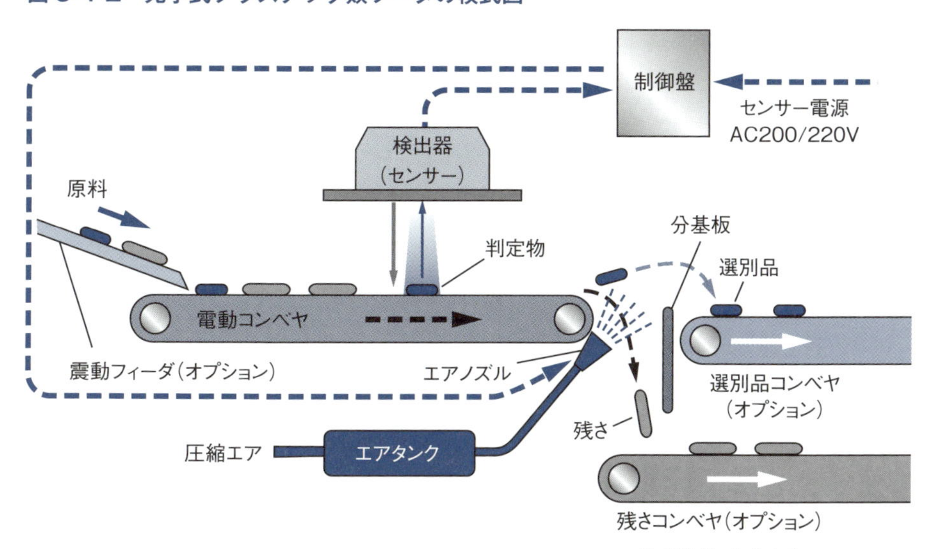

資料提供：株式会社アーステクニカ

●金属くずの中間処理施設

金属くずの最終処分量は、環境省の調査によると発生量の約２％に過ぎず、ほぼ全量が再利用されていることがわかります。生産ロスとして排出される金属くずや建設現場で発生する金属くずは、廃家電品や廃自動車のようにほかの素材と複合されていないため、単純な処理方法でリサイクル原料化が可能です。このような金属くずは利用価値がとても高く、通常は有価で取引されます。このため、取引を行う業者は古物商の許可を取得しているケースがほとんどです。しかし、市況によっては有価での取り扱いが困難になる場合もあるので、当該業者は産業廃棄物処分業許可を併せて取得していることが多いようです。

最近の金属くずは、鋼材など単一の構成ではなく、家電品や自動車など金属、ガラス、プラスチックなどさまざまな部品で構成されている廃棄物が多いため、金属くず専業の中間処理業者は数が減少し、ほかの廃棄物も扱える総合型中間処理業者（3-6節）が増加しています。

図 3-4-3　金属くず中間施設の標準的な処理フロー

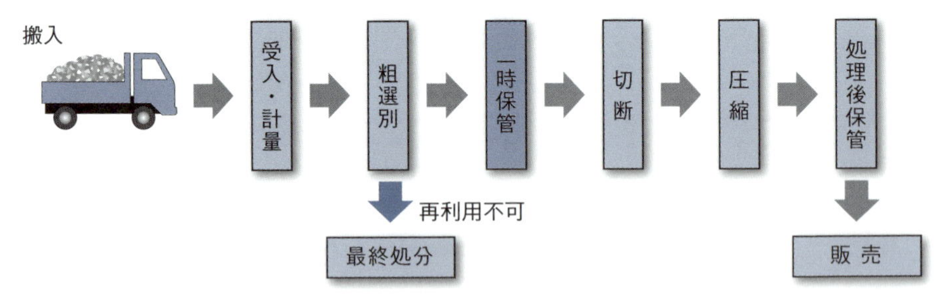

●木くずの処理施設

木くずは建設現場から発生するもののほか、輸送用の木製パレットや製材所、家具製造工場等からも発生します。環境省が参考値として発表している「かさ比重」は0.55ですので、重量ベースの発生量約623万トンは約1,130㎥に換算されます。重量比で約５％が最終処分されていますので、約95％が再資源化されている計算になります。木くずはがれき類と並んで専業の中間処理業者が多く存在します。

木くずは、パーチクルボードに代表される合板の原料として再利用されるほかはバイオマス燃料として利用されることが多く、堆肥原料やマルチング材として利用される事例は、発生量全体の1割程度にとどまっています。

図 3-4-4　木くず粉砕施設の標準的な処理フロー

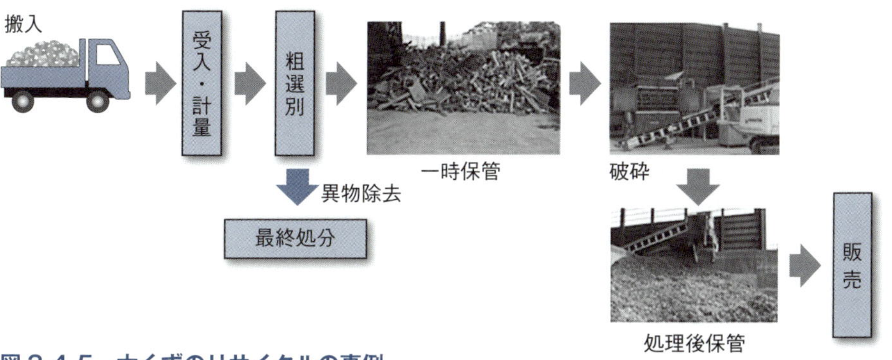

図 3-4-5　木くずのリサイクルの事例

資料提供：株式会社ウチダ

3-5 焼却施設

●通常の焼却施設

焼却施設はその名のとおり、熱により廃棄物を焼却する施設です。したがって、がれき類やガラスくず、コンクリートくずおよび陶磁器くず、鉱さい、金属くず、ばいじん、燃え殻などの燃えないもの、または燃えにくいもの以外の処理が可能な施設です。

焼却炉の構造基準、維持管理基準（2-8節参照）にあるように燃焼温度は800℃以上と定められていますが、最近の焼却炉では900℃以上で燃焼させることも珍しくありません。このため、焼却可能物の範囲が大幅に広がり、金属くずの許可を持つ焼却施設も設置されるようになりました。最近では発電設備を併設した施設が増えてきました。

図 3-5-1　焼却施設の標準的な処理フロー

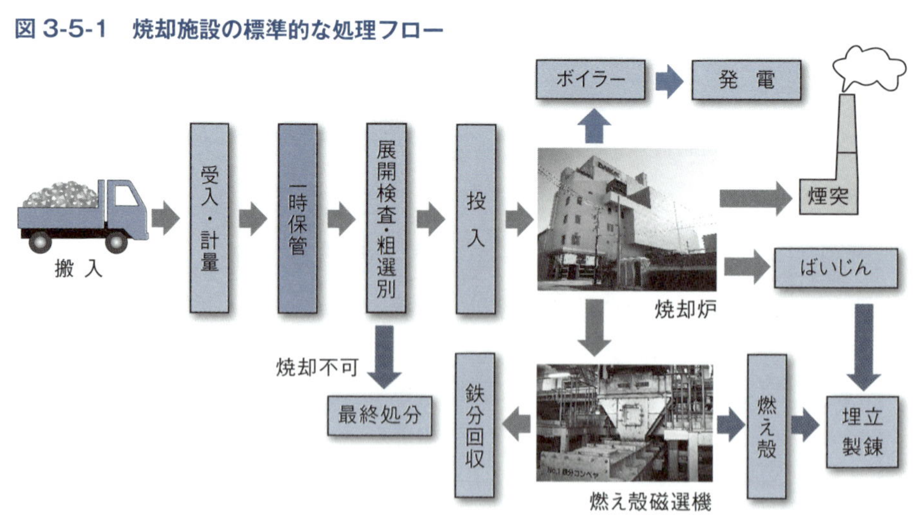

写真提供：株式会社ダイカン

●ガス化溶融施設

ガス化溶融炉は燃焼温度が1,300℃～2,000℃ともいわれるほど高温で焼却することに特徴があります。ほとんどすべての物質が名前のとおりガス化または溶融してしまいますので、広範な廃棄物を焼却することが可能です。大量に燃料を使うため処分費用が高いこともあり、ばいじん、燃え殻、金属の付着した可燃物、不燃材の付着した木材など、ほかの方法では処理の難しい廃棄物の受け入れ量が多くなる傾向にあります。また、一般廃棄物を広く受け入れている施設もあります。

ガス化溶融炉の代表的な処理フローは図3-5-2のとおりです。フロー図中の飛灰については、混錬をした後に製錬会社で重金属を取り出す場合と、飛灰のままで製錬会社に送り、同様に重金属類を取り出す方法(山元還元)、飛灰をコンクリート等で固化した後、管理型処分場に埋立てる場合とがあります。

多くのガス化溶融施設では発電設備を備えており、生成ガスを利用する場合と焼却に伴って発生する熱を直接利用する場合に分かれています。

図 3-5-2　ガス化溶融施設の標準的な処理フロー

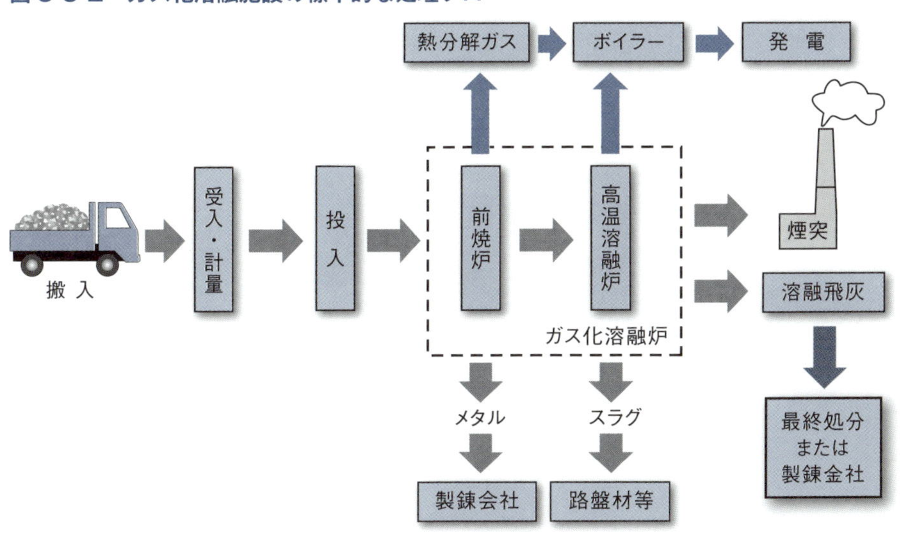

3-6 総合中間処理施設①
建設系の総合中間処理施設

●混合廃棄物の処分が可能な処理施設

今まで発生量の多い廃棄物の種類ごとに中間処理の方法を説明してきました。これらの処分工程は、前処理で異物を除いた後、廃棄物を施設に投入するという共通点を持っています。

汚泥、がれき類(ガラス陶磁器くず含む)、木くず、金属くずについては発生量が多く、ほかの廃棄物と混合されない状態で排出されることのほうが多いため、それに特化した処分のみを行う中間処理業者が多く存在します。

他方、一部の建設系廃棄物や廃家電品のように、複数の種類の廃棄物が不可分の状態で排出されることもよくあります。このような廃棄物を「混合廃棄物」といいますが、混合廃棄物の処分が可能な施設を「総合中間処理施設」と呼んでいます。

総合中間処理施設の特徴は、対象となるすべての廃棄物の許可を取得していること、および選別機能が明確であることです。なお、焼却施設では複数の許可を持ち、混合状態の廃棄物をある程度処理することが可能ですが、焼却施設を総合中間処理施設と呼ぶことはありません。

図3-6-1　総合型中間処理施設の標準的な処理フロー

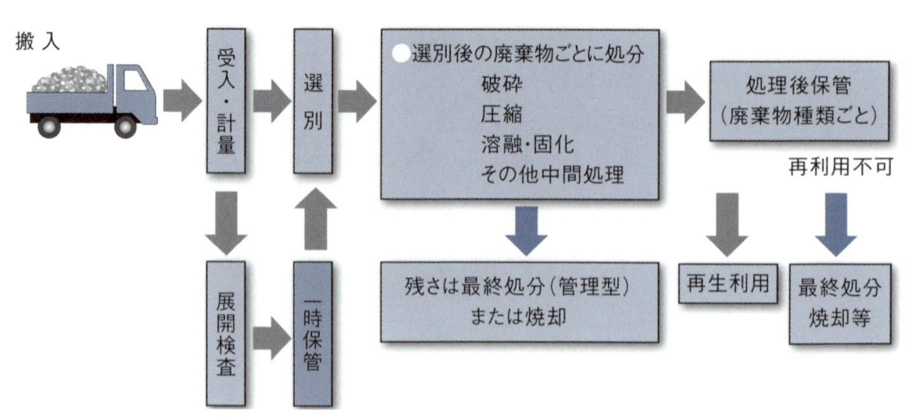

●建設系総合中間処理施設

特に総合中間処理施設が強調されるのは、建設系の施設です。建設業から発生する廃棄物の割合は、図3-6-2のグラフのとおり、がれき類が突出しています。一方で、図3-6-3のような状態の廃棄物も相当量発生しており、これらを処理するためには建設系のすべての廃棄物を取り扱うことのできる許可が必要となります。このような廃棄物を扱える施設を建設系総合中間処理施設と呼びます。前述のように、木くずやコンクリートがら、汚泥などを単体で扱う業者も多いため区分する必要があるからだといわれています。

図3-6-4は建設系総合中間処理施設の代表的なケースです。総合中間処理施設のリサイクル率は、大規模施設で85～90％、小規模施設では65～70％程度のことが多いようです。

図 3-6-2　建設業から発生する廃棄物の内訳　**図 3-6-3　建設型混合廃棄物の一時保管事例**

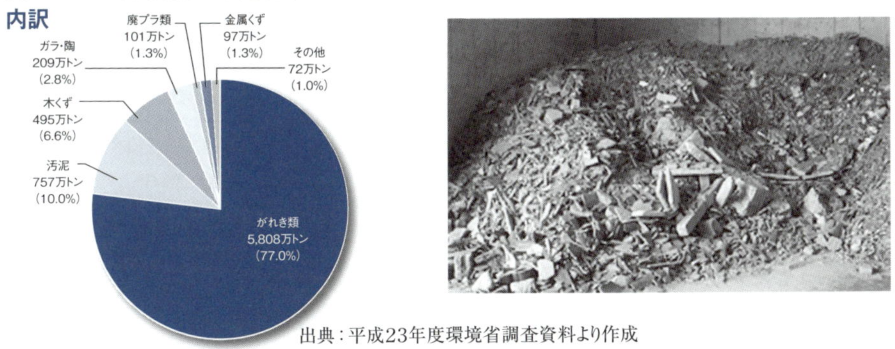

出典：平成23年度環境省調査資料より作成

図 3-6-4　建設系総合中間処理施設の処理フロー例

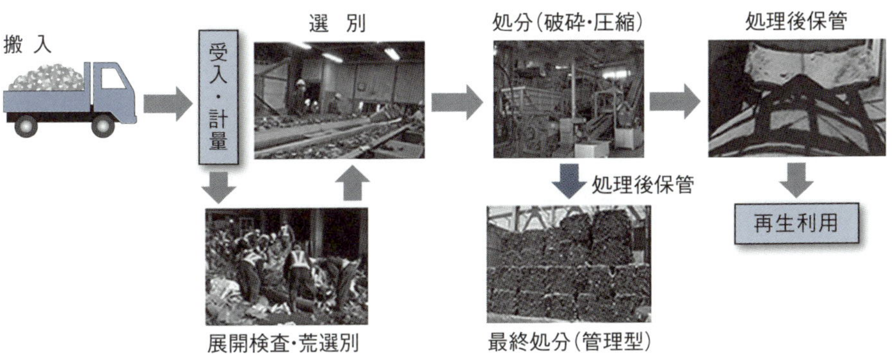

3-7 総合中間処理施設②
事業系の総合中間処理施設

●事業系総合中間処理施設

建設系以外の中間処理事業者は、ほとんどが総合中間処理施設に相当します。したがってあえて総合中間処理施設に分類はされておらず、廃プラスチック類を中心に扱う事業者、金属くずを中心に扱う事業者、廃液を中心に処理を行う事業者、食品系の廃棄物を得意とする事業者など、得意先の業種に応じた特徴で分類されることが多いようです。これらの事業者は総じて事業規模が大きく専門性の高い、かつ高度な中間処理を行っている点に特徴があります。

また、家電リサイクル法、自動車リサイクル法、食品リサイクル法、小型家電リサイクル法、容器包装リサイクル法といった個別のリサイクル法に対応した形での中間処理も増えてきています。

たとえば、廃自動車の処理は一般に図3-7-1のようなフローで行われます。金属くずを中心に、廃油、廃プラスチック類、ガラスくずの発生が見込まれますので、これらの廃棄物を処理するための複数の許可が必要となります。

図 3-7-1　自動車中間処理フロー例

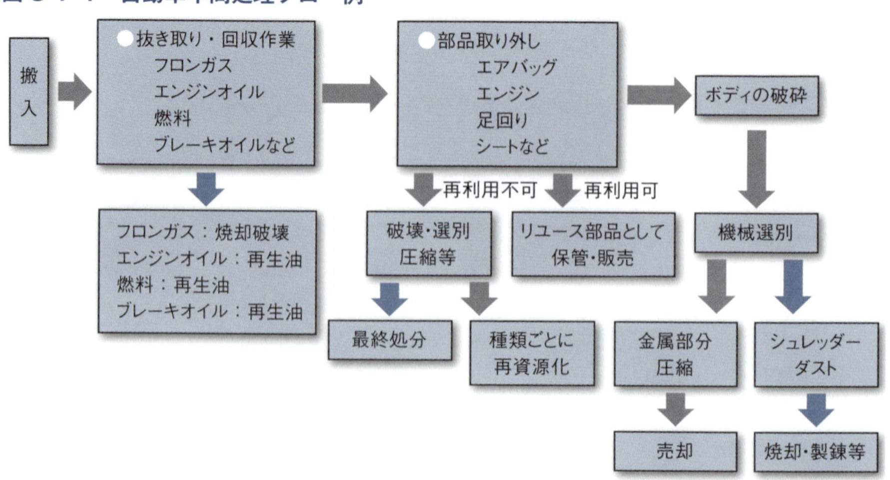

なお、自動車リサイクル法に基づく認定を受けた事業者については、廃棄物処理法による業許可は不要です。

廃自動車では特に、フロンガスの回収破壊処理、エアバッグの処理、シュレッダーダストの処理の3点がポイントになります。

廃家電も自動車の処理によく似たフローを持ちます。テレビや情報機器などのようにレアメタルや貴金属類を大量に含んだものは、原則として人手による分解の後に破砕・減容され製錬工程を経て金属等が再利用されます。その他の家電品(いわゆる白物家電)については、フロンガスを抜き取った後は、強力な破砕機(シュレッダー)に投入され、光学式選別機や磁力選別機、磁気選別機等により機械選別の後、圧縮され売却されます。

図 3-7-2　白物家電処理フロー例

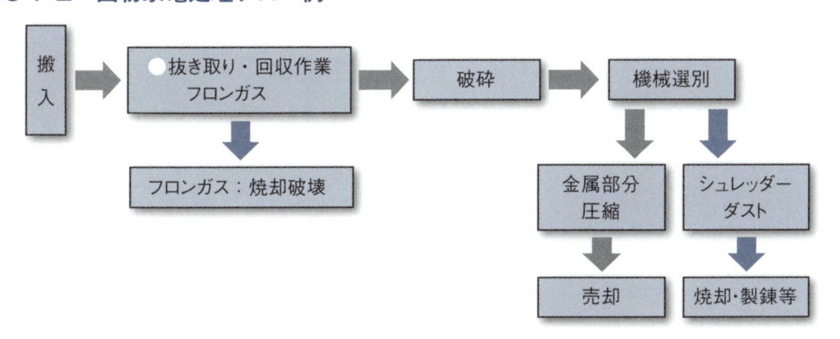

**図 3-7-3　破砕されたシュレッダーダスト(左)と
選別後圧縮処分された自動車のスクラップ(右)**

写真提供：エア.

3-8 RPF・RDF、廃液等の総合的な処理

●RPFとRDF

総合的な中間処理施設にはRPFまたはRDFの製造装置を設置しているケースがよくあります。RDFは「ごみ固形燃料」(Refuse Derived Fuel)、RPFは「紙・廃プラスチック固形化燃料」(Refuse Paper & Plastic Fuel)のことをいいます。

RPFもRDFの一種ですが、RDFは都市ごみ全般のうち可燃物から製造されるのに対し、RPFは紙およびプラスチック類(まれに木くずを含む)を原料として製造される点に違いがあります。RPFは紙、プラスチックが主体のためRDFより熱量が高く、石炭代替燃料として広く普及しています。ポイントは塩素濃度の管理で、およそ3000PPM以下であることが求められています。RPFの製造装置は、かつてはヒーター等で加熱して溶融・固化させるタイプが主流でしたが、現在は摩擦熱を利用して減容・固化させるタイプに置き換わってきています。

図 3-8-1　RPF 製造施設(左)とRPF(右)

写真提供:株式会社大剛

図 3-8-2　RPF 製造工程の例

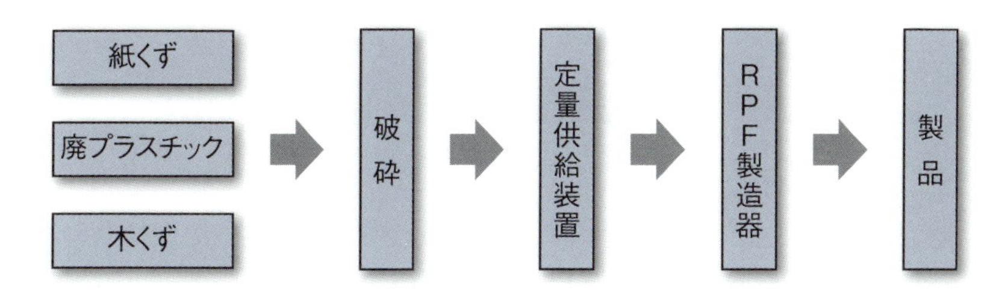

●廃液処理施設

化学工場をはじめとする製造工場では、さまざまな廃液が発生します。図3-8-3は標準的な廃液処理のフロー図です。このほか、廃液は焼却施設で焼却処理される場合もあります。

図 3-8-3　廃水処理リサイクルのフロー

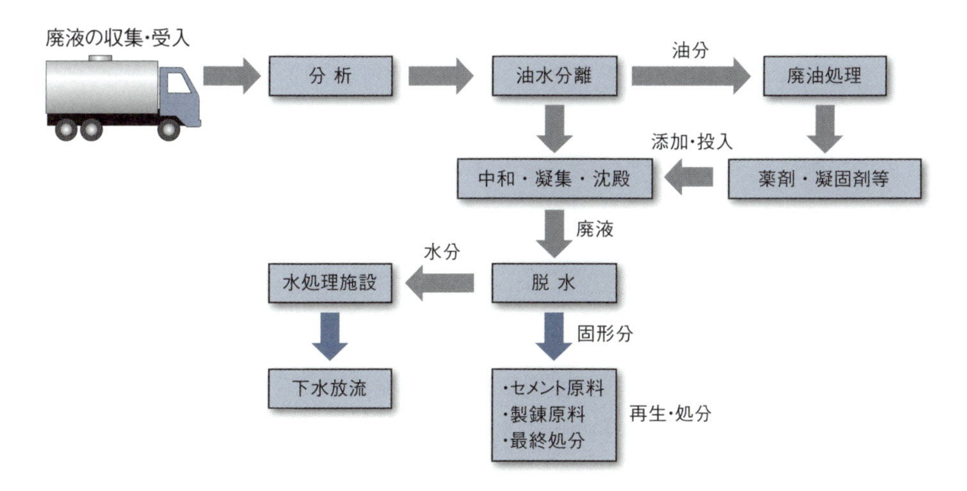

3-9 特別管理廃棄物の処理①
石綿関連の廃棄物

石綿（アスベスト）とは繊維状の鉱物で、角閃石系の岩石から作られるアモサイト、クロシドライト等と蛇紋岩系の岩石から作られるクリソタイルに大別されます。耐火性、耐摩耗性、耐熱性、絶縁性、断熱性、防音性、耐薬品性等に優れ、また、紡織加工することも可能であり、かつ安価であったために建材や耐火材、耐熱服、パッキン、ブレーキなど幅広い分野で使用されてきました。しかし、石綿肺や肺がん、中皮腫など根治できない病気の原因になることがわかり、1975年以降順次規制が強化され、2006年には代替困難な一部製品を除き全面的に製造、使用が禁止されるに至りました。

石綿を含む廃棄物には、飛散の恐れの大きい「廃石綿等」に分類されるものと飛散の恐れの少ない「石綿含有建材」があります。「廃石綿等」は廃棄物処理法で特別管理産業廃棄物に指定されているだけでなく、大気汚染防止法および石綿障害予防規則などほかの法律により廃棄作業時の飛散防止について厳密に規制されています。また、届出や撤去作業に関する規制を、条例によりさらに強化している自治体もあります。

●廃石綿等の処理

吹き付け石綿、石綿含有吹き付けロックウール、バーミキュライト吹き付け、保温材、石綿含有ケイ酸カルシウム板2種等が廃棄物となったものが「廃石綿等」とされます。石綿障害予防規則では、作業レベルの1および2に該当します（表3-9-1参照）。大気汚染防止法、石綿障害予防規則および該当する場合の自治体の条例に基づく届出を行ってから撤去作業に入ることが前提となります。

廃棄物の処理は、撤去された廃石綿等を袋に詰めるところから開始されます。専用の袋に詰め、固化剤もしくは安定剤を加えて飛散防止処理を行い、さらに丈夫な袋に詰め（二重梱包）保管場所に仮置きします。撤去の際に使用した保護衣および保護具のフィルターも「廃石綿等」に該当しますので同様に袋詰めします。

図 3-9-1　廃石綿等の処理の流れ

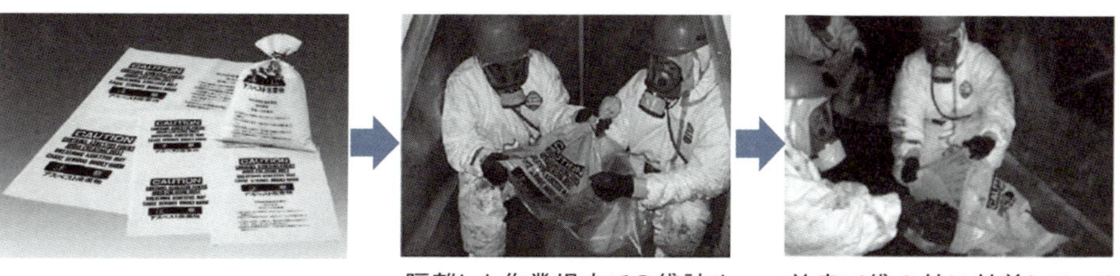

隔離した作業場内での袋詰め（一重目）
このとき、薬剤による安定化は固型化

前室で袋の外に付着している石綿粉じんを真空掃除機等で除去後、二重目の袋詰め

除去設備の配置概念図

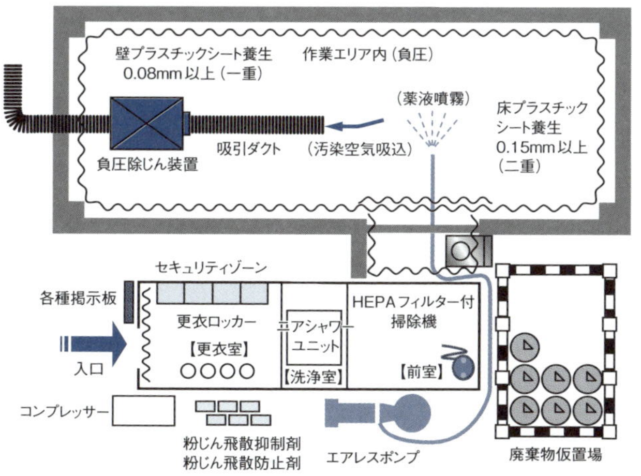

室全体の隔離方法の例

一室全体の壁面および床面をプラスチックシート等で囲い、接合部、貼付け部は粘着テープで張り付け、室内を密閉化する。

図3-9-1にある袋は「廃石綿等」専用の袋で、いったん袋を閉じると開けてはいけないこととされている。そのため、この袋に入っているものは、袋が閉じられた以降は内容物の確認ができないため、すべて「廃石綿等」として扱われることとなる。

出典：環境省「建築物の解体等に係る石綿飛散防止対策マニュアル」101～102ページ

袋詰めされた廃石綿等は次のいずれかの施設に運搬し、処分します。なお、運搬は「廃石綿等」の特別管理産業廃棄物に関する収集・運搬業許可を持つ業者に委託し、許可対象車を使用する必要があります。

①管理型埋立処分
- 固形化または薬剤安定化に加え耐水性材料で二重梱包し覆土をする
- 定められた埋立場所に埋立て、記録・保存を行う

②溶融（中間処理業許可施設）

③無害化（環境大臣認定施設）

実際の処分では①の管理型処分場での埋立処分がほとんどです。②の溶融施設の設置数は全国レベルで数社にとどまり、③の環境省による無害化認定施設に至っては平成25年9月1日現在で2社あるにすぎません。

●石綿含有廃棄物の処理

屋根用化粧スレートや外壁サイディング、石綿含有ケイ酸カルシウム板1種など、石綿が補強材として添加されている建材のことを石綿含有建材といいます。石綿を含むものの、セメント等で固定化されているため通常の状態では石綿が飛散する恐れはありません。

石綿含有建材が廃棄物となったものを石綿含有廃棄物と呼んでいます。石綿障害予防規則や大気汚染防止法に基づく届出は必要ありませんが、自治体によっては条例により届出を義務付けていることがあります。

石綿含有建材の撤去作業は、石綿障害予防規則に関連して作業レベル3に位置付けられており、廃棄物処理法では通常の廃棄物とは分離して扱うことが規定されていますが、特別管理廃棄物には該当しないとされています。

石綿含有建材の撤去作業では、作業衣、保護具を着用の上、散水等の湿潤化を図り石綿の飛散防止に努め、極力割らずに人手によって撤去することが求められています。撤去された石綿含有廃棄物は、袋に詰めるまたはシートでくるむ等の飛散防止措置を行ったうえで、次のいずれかの施設に運搬し、処分します。

なお、石綿含有廃棄物の「中間処理」は禁じられています。絶対に行わないよう、注意してください。

①安定型埋立処分
　・飛散防止措置として覆土をする
　・定められた埋立場所に埋立て、記録・保存を行う
②溶融（中間処理業許可施設）
③無害化（環境大臣認定施設）

図 3-9-2　石綿含有建材の撤去後から、飛散防止措置、運搬時の荷姿、埋立までの様子

プラスチック袋・シートによる梱包作業

運搬車両へ梱包して積み込み完了

梱包作業後一時保管状況

運搬車両シートかけ

1日の作業終了後埋立面の上面を覆土

埋立場所・量の記録、保存

表 3-9-1　廃石綿等の分類と撤去作業時の作業レベル

廃棄物の名称と分類		石綿発じんの程度	作業レベル
名称	分類		
廃石綿等	特別管理産業廃棄物	著しく高い	レベル1
		高い	レベル2
石綿含有産業廃棄物	産業廃棄物	比較的低い	レベル3

作業レベル：石綿障害予防規則に対応して定められたもの。発じんの程度に応じて、使用・着用する呼吸用保護具と保護衣・作業衣について規定されている。

3-10 特別管理廃棄物の処理②
PCB廃棄物

PCBはポリ塩化ビフェニール（Poly Chlorinated Biphenyl）の略語で、209種類の異性体を持つポリ塩化ビフェニール化合物の総称です。PCBは次のような特徴を持つため、過去には電気機器の絶縁油や熱交換機の熱媒体をはじめとして、可塑剤、塗料、ノーカーボン紙など身近な製品にも幅広く利用されていました。

①化学的に安定している油状の物質
・熱に対し安定性が高い
・電気絶縁性が高い
・耐薬品性に優れる

一方で、

②自然界に放出された場合、分解されることがほとんどない
③脂肪との親和性が高く生物の脂肪に蓄積する
④生物への毒性が高い
・発がん性が高い
・内臓障害、皮膚障害、ホルモン異常等の原因物質
⑤生物の移動と食物連鎖を通じて全地球に拡散される
⑥体内に長くとどまるため、微量の摂取を続けることで中毒症状が起きる

といった有害性があるため、ストックホルム条約（2004年発効）により、国際的にも製造、使用の禁止と2028年までに適正な処分を行うことが定められました。日本もこの条約を2002年に批准しており、その前年の2001年に「ポリ塩化ビフェニール廃棄物の適正な処理の推進に関する特別措置法（PCB特措法）」が成立、施行されました。廃棄物処理法においても「特別管理産業廃棄物」に指定されており、厳格な取り扱いが定められています。

使用済みのPCB製品をPCB廃棄物と呼びます。PCB廃棄物の処理は以下の方法で行います。

●届出、保管

PCB含有製品の使用を終えた事業者は、PCB特措法に基づき都道府県知事（または政令市長）に届出を行う必要があります。この届出は、処分が終了するまでの間、年1回（毎年6月末まで）継続して行うこととされています。

PCB廃棄物の保管は、通常の廃棄物の保管基準に加え、

- ・容器に入れ密封すること
- ・揮発防止のための措置を講ずること
- ・高温にさらされないよう措置を講ずること
- ・腐食防止のための措置を講ずること

等が定められています。PCB廃棄物は処分方法が限られているため、長期間の保管が必要となります。このため、上記基準を確実に遵守するためには、

- ・倉庫等の定められた、関係者以外が扱えないよう施錠等の措置が可能な 場所に
- ・適切な表示を行い
- ・密閉容器に収納した上に
- ・オイルパン等の流出防止措置を施し保管し
- ・保管状況の確認を適宜行う

等の管理が必須要件として求められています。

図 3-10-1　PCB 廃棄物保管の注意

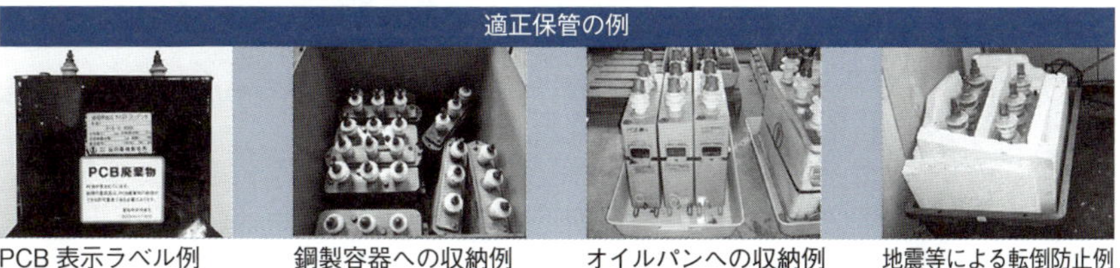

PCB 表示ラベル例　　鋼製容器への収納例　　オイルパンへの収納例　　地震等による転倒防止例（パッキング材の充てん）

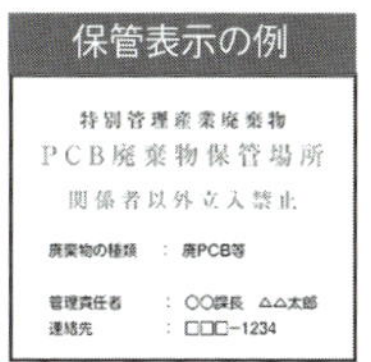

漏洩廃電気機器の例

漏洩補修の例

補修前　補修後

にじみ漏れの例（悪い例）　　目止め材による補修例

出典：環境省発行パンフレット「PCB廃棄物を保管している事業者のみなさまへ」より抜粋

●収集・運搬

前提として、PCB廃棄物の運搬が可能な特別管理産業廃棄物収集・運搬業許可業者に委託し、許可対象車による運搬を行う必要があります。さらに高濃度PCB廃棄物の運搬については、次の項で説明する「日本環境安全事業株式会社」の入門許可を得た事業者でなければ、処分施設に搬入することができないので注意が必要です。

●高濃度PCB廃棄物の処理

PCB廃棄物の処分は、含まれるPCB濃度によって異なったふたつの方法をとる必要があります。トランス、コンデンサ、安定器等の高濃度PCB廃棄物の処分は法令により「中間貯蔵・環境安全事業株式会社（JESCO）」で処分を行います。この会社は政府100％出資の特殊会社で、法令に基づき高濃度PCB廃棄物の処分を行うために設置されました。現在、全国に5か所の処分施設が設置され、2027年までにすべての高濃度PCB廃棄物の処分を行うことが法令により決められています。

図 3-10-2　JESCOの処理体制

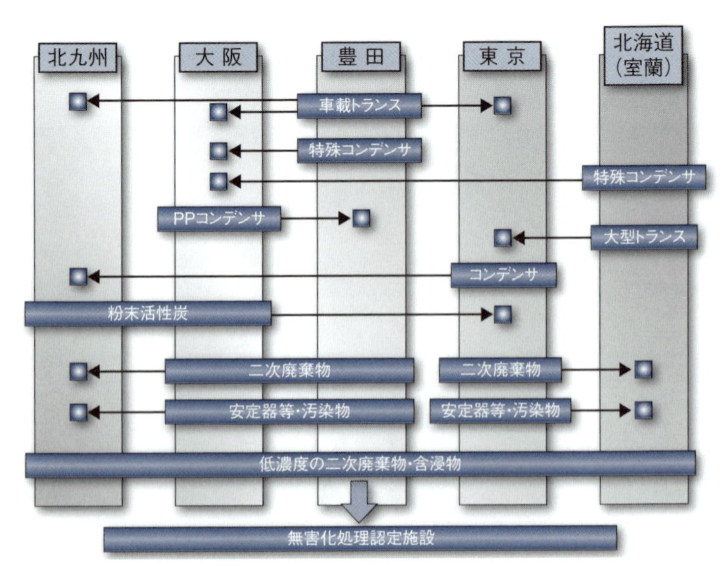

資料提供：産廃振興財団ニュースNo.75「PCB廃棄物処理基本計画の変更について」より抜粋

●低濃度PCB廃棄物の処理

上記以外のPCB廃棄物については、JESCOの設置した施設のうち、北海道および北九州の施設で処分を行うほか、国の認定を受けた「無害化処理認定施設」での処分が可能とされています。無害化処理の認定は全国で15社（平成26年6月末現在）が取得しています。また、廃棄物処理法に基づく許可を取得している処分施設が2社（平成26年6月末現在）あり、同様に処分が可能です。

●具体的な処分方法

PCB廃棄物の処分方法にはいくつかの種類があります。低濃度PCB廃棄物は焼却処理を行う施設がほとんどです（一部ガス化改質方式および溶剤循環洗浄法）。これに対して高濃度PCB廃棄物の処分を行うJESCOでは事業所ごとに方法が異なり、超臨界水もしくは亜臨界水等の高温高圧水を使ってPCBを分解する「水熱酸化分解」や、PCB内の塩素を化学反応を用いて水素等に置換し分解、無害化する「脱塩素化分解」など高度な処分方法を採用しています。なお、世界レベルでは焼却処理を行う国がほとんどです。

表 3-10-1　日本安全環境事業株式会社施設一覧

事業名	事業場所	対象地域	処理対象	PCB分解量
北九州	福岡県北九州市若松区響町一丁目	沖縄県・九州・中国・四国（17県）	高圧トランス等および廃ポリ塩化ビフェニル等	0.5t／日(H16.12～) 1.5t／日(H21.6～)
			汚染物等(安定器、感圧複写紙、ウエス、汚泥等)	10.4t／日 (汚染物等量)
大阪	大阪府大阪市此花区北港白津二丁目	近畿（2府4県）	高圧トランス等および廃ポリ塩化ビフェニル等	2.0t／日
豊田	愛知県豊田市細谷町三丁目	東海（4県）	高圧トランス等および廃ポリ塩化ビフェニル等	1.6t／日
東京	東京都江東区青海二丁目地先	南関東（1都3県）	トランス、コンデンサ、安定器が廃棄物となったもの、ならびに廃ポリ塩化ビフェニル等	2.0t／日
北海道	北海道室蘭市仲町	北海道・東北・甲信越・北関東・北陸（1道15県）	高圧トランス等および廃ポリ塩化ビフェニル等	1.8t／日
			汚染物等(安定器、感圧複写紙、ウエス、汚泥等)	8.0t／日以上(当面) (汚染物等量)

3-11 特別管理廃棄物の処理③
感染性廃棄物

医療機関や介護施設、研究機関等で発生する廃棄物のうち、人が感染しまたは感染する恐れのある（感染性病原体が含まれるか付着している、もしくはその恐れのある）廃棄物を「感染性廃棄物」と呼びます。そのままでは感染の恐れがあるため、廃棄の現場では密閉容器等に直接投入し、一定量になったら密閉して定められた保管場所に運び、適切に保管を行う必要があります。保管容器には通常、図3-11-1のような「バイオハザードマーク」が付けられています。

保管にあたって、通常の保管基準に加え、ほかの廃棄物が混入しないように適切な措置を講ずることが特に求められています。

図 3-11-1　バイオハザードマーク

赤色

液状のもの
または泥状のもの
（血液など）

橙色

固形状のもの
（ガーゼなど）

黄色

鋭利なもの
（注射針、ガラス管など）

投入直前の感染性廃棄物

●収集・運搬

感染性廃棄物の収集および運搬もPCB廃棄物同様に専用の車両で行うことが一般的です。発生量が比較的少量のため、通常より小型の収集運搬車両を利用することが多いようで、保冷車を使用することもあります。

トレーサビリティを強く求められることが多い廃棄物でもあるため、GPS

やICタグなどのIT技術を駆使し、容器ごとに回収から処分に至るプロセスを逐次確認できるシステムを提供しているプロバイダーもあります。

ほかの廃棄物と同様に、委託にあたっては感染性廃棄物に関する特別管理産業廃棄物の業許可を取得している事業者を選択する必要があります。

●感染性廃棄物の処分

感染性廃棄物の処分方法には大別して、溶融、ばい焼を含む焼却処分と、洗浄、煮沸、消毒を含む滅菌処分の2種類の方法があります。一般的には焼却処分がなされることが多く、滅菌処分はあまり一般的ではありません。

ここでは、焼却処分について少し詳しく説明します。図3-11-2は、一般的な焼却施設のフロー図です。通常の産業廃棄物はクレーンピットに投入され、供給クレーンにより焼却炉に投入されます。これに対し感染性廃棄物は、クレーン使用による容器の破損を避けるため、別の投入口から自動投入機等を経由して直接燃焼室に投入されます。投入された感染性廃棄物は容器ごと焼却処分されます。

図3-11-2　感染性産業廃棄物の焼却施設

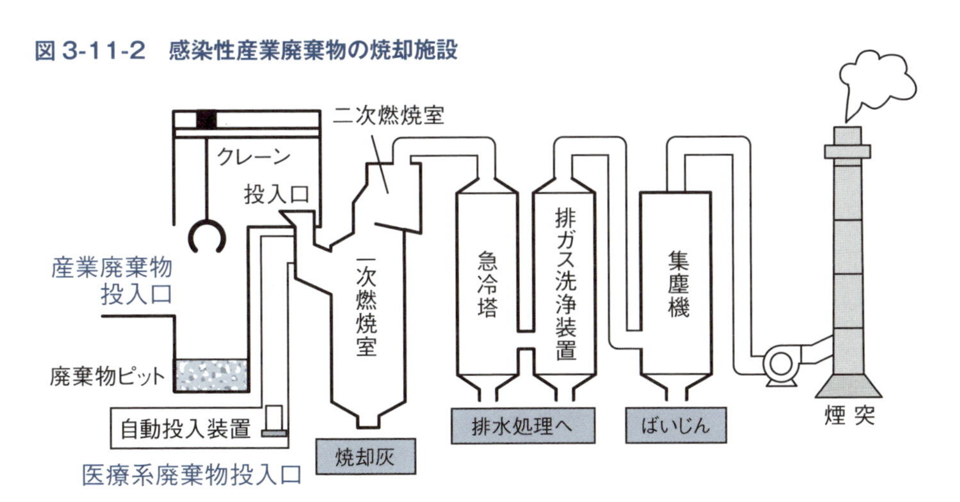

Column

優良産廃処理業者認定制度について

通常の許可基準よりも厳しい基準をクリアした優良な産廃処理業者を、都道府県・政令市が審査して認定する制度を「優良産廃処理業者認定制度」といいます。この制度の認定を受けた事業者は「優良認定業者」と呼ばれ、業の許可証に「優良」マークが表示されています。審査基準の概要は次のとおりです。

	基準項目	内 容
1	遵法性	業の許可の有効期間内に、事業停止命令、改善命令等の不利益処分を受けていないこと
2	事業の透明性	法人の基礎情報、業の許可の内容、処理施設の維持管理状況、廃棄物の処理状況等所定の情報をインターネットで公表・更新していること
3	環境配慮の取組	ISO14001またはエコアクション21などの認証を受けていること
4	電子マニフェスト	電子マニフェストの利用が可能であること
5	財務体質の健全性	①直近3年間の自己資本比率が10％以上あること ②直近3年間の経常利益が平均で黒字であること ③税金、社会保険料、労働保険料を滞納していないこと ④維持管理積立金の積み立てをしていること（最終処分場のみ）

※これらに加え、5年以上の業の実績があることが前提とされています。

優良認定を受けるハードルはかなり高いことがおわかりいただけると思います。しかし、あくまでも「情報公開」の優良性を審査・認定する仕組みであり、実際の処理の適正性を判断しているものではない点については留意する必要があります。適正性の判断はあくまでも排出事業者の責任で行うことが委託処理の前提だからです。

第4章

製造施設を使った処理とリサイクル

この章では、製造業が行っているリサイクルを中心に解説しています。
製品の製造工程を利用して行う廃棄物の中間処理（＝リサイクル）と、
廃棄物の処理とは若干異なる、いわゆる「都市鉱山」から希少金属を取り出す
製造事業について説明のほかに、わかりにくさの一因である
有価物と廃棄物の違い、リサイクル該当性などについても取り上げています。

4-1 熱利用を前提とした製造施設

製鉄、製錬、セメント製造などの大規模な製造事業者の設備をそのまま廃棄物の処理に利用するケースがとても増加しています。従来の焼却同様、熱を利用することから、製鉄所の高炉（溶鉱炉）や電炉（電気炉）、金属製錬会社の製錬施設も広義の焼却施設として捉えることができます。セメント製造工程は、業許可の種類で「焼却」とされることが一般的ですが、製鉄に関しては「溶融」の許可とされることが多いようです。

非鉄金属の製錬会社では、製錬を廃棄物処理の一環として業許可を取得して処理を行う施設と、あくまで「有価物」のみを対象に製造業としての製錬を行う施設に分かれています。いずれの場合も排出事業者の視点からは「廃棄」したものの再生利用工程にあたるため、本章では一括して紹介することにしたものです。

●セメント製造施設

セメント製造工場では、石灰石、粘土、珪石、鉄分等を、大規模なロータリーキルンに投入し、焼成してセメントを製造しています。焼成のためのエネルギー源は石炭を利用することが一般的です。もともとはこのように天然資源を原燃料に使用していましたが、現在ではその代替物として積極的に廃棄物を受け入れています。工場ごとに割合は異なりますが、受け入れ量の多い工場では原燃料の約45％を廃棄物で占めるまでに至っています。

たとえば、石炭火力発電所で発生するばいじんや建設現場で発生する汚泥、下水道汚泥などは良質の粘土代替物として、また、家庭ごみも原料や燃料の代替物として受け入れを積極的に行っています。塩素やフッ素、硫黄などを多く含む廃棄物以外は受け入れることが可能です。

なお、家庭ごみは塩素濃度が高い、性質が安定しないなど、原燃料としての使用に若干難があるため、前処理施設を設置して、安定的にロータリーキルンへの投入ができるように工夫をしています。

投入された原材料はロータリーキルンの中で約1,450 ℃の高温でゆっくりと焼成され、クリンカとなります。クリンカを細かく砕き粉末にして石膏を加えたものがセメント製品です。セメント製造工程に投入される原材料のうち約7割がセメント製品となり、熱源としての利用は3割程度にとどまる点にも大きな特徴があります。また、熱源のうちおおむね1割程度が廃棄物由来であるといわれています。

製造（焼成）工程で大量に発生する熱は、焼成に使用するだけでなく原燃料乾燥工程や廃棄熱発電等の熱源としても二次利用されていますが、さらに一歩進んだ熱利用の高度化が期待されるところです。

図4-1-1　セメント製造施設の処理フロー

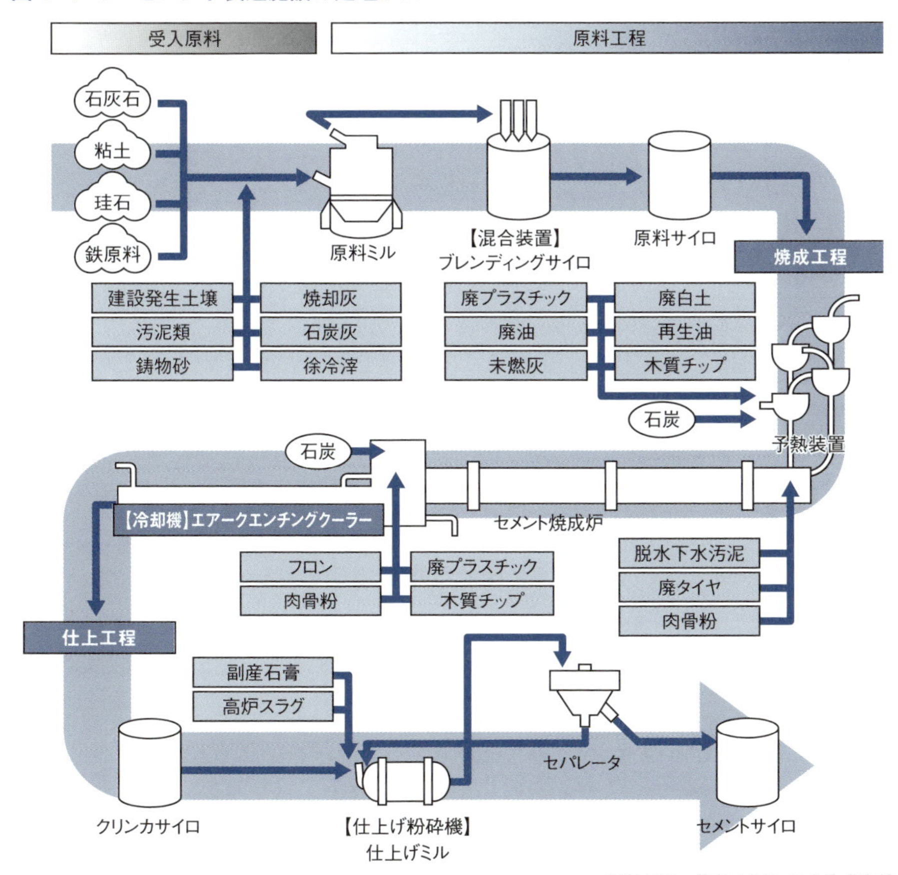

資料提供：住友大阪セメント株式会社

●高炉、電炉

高炉では廃プラスチック類をコークス代替還元剤として使用することが多く、電炉ではくず鉄（スクラップ）を溶融して主に建設用鋼材を生産しています。図4-1-2は電炉を利用した鉄のリサイクルフロー図です。

図4-1-2　電気炉リサイクルフロー

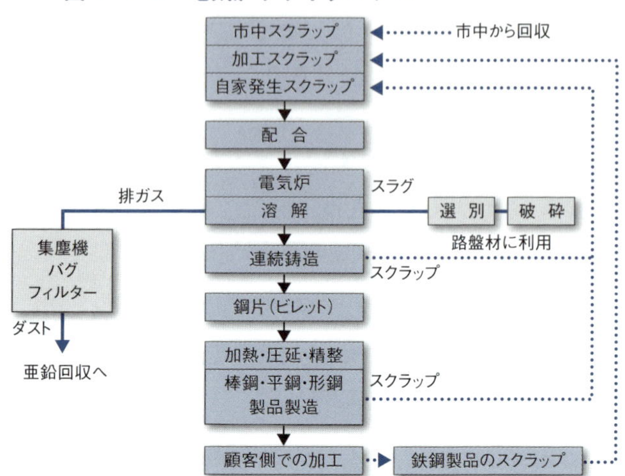

出典：普通電炉工業会ホームページ

●金属製錬（非鉄）

金属製錬会社では金、銀、銅、亜鉛、レアメタルなど鉄以外の金属を生産しています。「精錬」という漢字をあてることが普通ですが、製造業を強調するため、「製錬」と表記することが増えてきています。

従来の精錬業では鉱石からさまざまな金属を取り出していましたが、最近では廃家電品や廃自動車触媒、燃え殻やばいじん、飛灰から金属を取り出すことが増えてきました。含まれる金属の量によっては有価での取り扱いも可能ですが、通常は中間処理として扱われます。これに対し、「都市鉱山」とまでいわれる廃電子機器は、排出事業者が廃棄する時点では廃棄物として扱われることが多いのですが、製錬会社ではほぼ有価で買い取りを行っているため、中間処理ではなく製造工程として製錬を行うことが一般的です。

製錬の方法には大別して「乾式製錬」「湿式製錬」の2種類があります。乾式製錬は原料に熱を加え、溶解または蒸発させて目的の金属を回収する方法、湿式製錬は金属を水溶液等につけて抽出する方法です。さらに、そのバリエーションである「電解精錬」では溶液中に電気を通し、電気分解により金属を抽出します。なお、原料の状態に応じて、これらの方法を組み合わせて目的の金属を取り出すことが一般的に行われているようです。

図4-1-3　非鉄製錬の処理フロー図

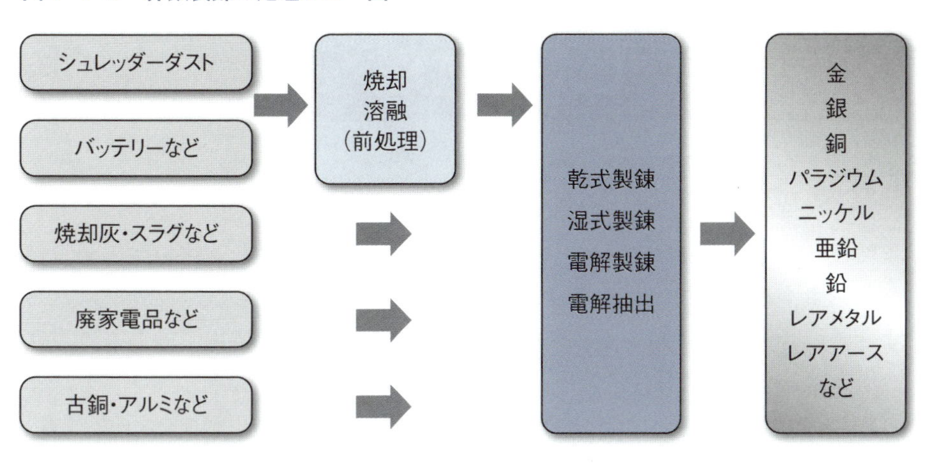

図4-1-4　湿式製錬による貴金属の回収

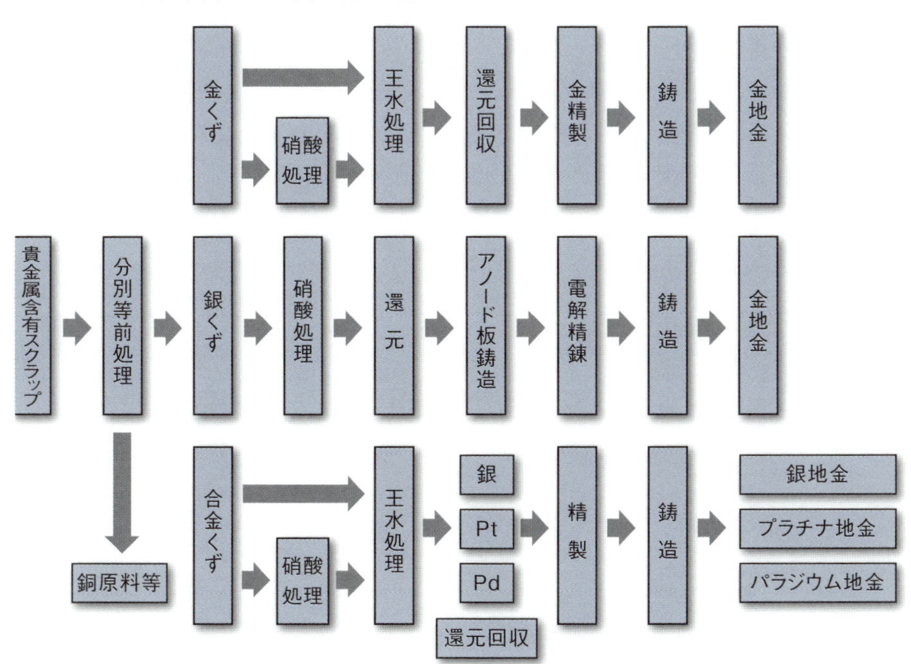

4-2 鉱さい、燃え殻、ばいじんの処理

●鉱さいの処理

鉱さいとは、製鉄所の高炉や電気炉、製錬所、鋳物工場など主に金属製造業から発生する廃棄物をいいます。製鉄所からは主に鉄鋼スラグ、製錬所からは主に銅スラグやアルミドロス等が発生します。また、鋳物工場からは主に鋳物廃砂が発生します。

鉱さいの廃棄物としての発生量は約1,550万トン（環境省平成23年度調査）ですが、経済産業省の「産業分類別の副産物（産業廃棄物・有価物）発生状況等に関する調査報告書・平成22年実績版」では、産業廃棄物および有価物の合計で5,300万トンを上回る発生量があり、約95％が再資源化されていると記されています。両省のデータから、鉱さいの6割以上は有価で取引されていることがわかります。鉱さい発生量の約92％を占めるスラグ類は、セメント材料やセメント骨材、路盤材等として再利用されるほか、肥料や土壌改良剤、漁礁用材料としても再利用されています。

なお、鋳物砂を除く鉱さいの発生量のうち約90％（約4,490万トン）は鉄鋼業から発生していることがわかります。

図 4-2-1　鉱さいの発生量

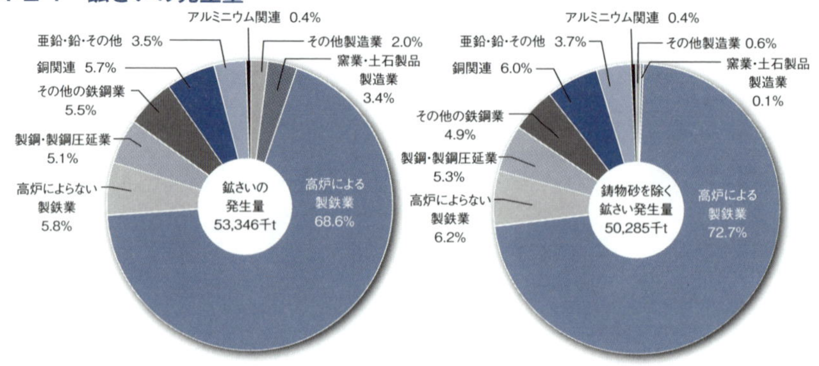

出典：産業分類別の副産物（産業廃棄物・有価発生物）発生状況等に関する調査（平成22年度実績）報告書
経済産業省より抜粋、著者作成

●燃え殻の処理

燃え殻は、焼却炉やボイラー等の熱利用施設で発生する残さのことをいいます。ガス化溶融炉など高温での焼却による残さは、前述の鉱さいと同様にスラグとして扱われます。スラグは安定型埋立処分が可能ですが、燃え殻は管理型埋立処分が原則です。

燃え殻には有害物が含まれているため、通常は管理型埋立処分場に埋立てられますが、重金属を含む有害物の量が管理型に関する溶出基準を超える場合には遮断型埋立処分場で処理する必要があります。しかし、溶出基準を下回るよう、コンクリート固化や安定剤による固化を行うことで管理型埋立処分が可能となります。

燃え殻の発生量は環境省の統計によると約180万トンとされています。鉱さいやばいじんに比べて最終処分量が少し多い点に特徴があります。石炭火力発電所や石炭ボイラーから発生する燃え殻は、石炭灰としてほぼ全量が再利用されます。次に説明するばいじん（石炭灰）と同様、優良なセメント原料（粘土代替）として利用価値が高いためです。

石炭灰以外の燃え殻は、図4-2-1の経済産業省のデータによると約30％弱が最終処分の対象とされています。こちらはさまざまなものを燃やした残さですので、リサイクルコストが相対的に高いことも一因であるといわれています。燃え殻の処理の流れは概ね図4-2-2のとおりです。

図 4-2-2　燃え殻の標準的な処理フロー

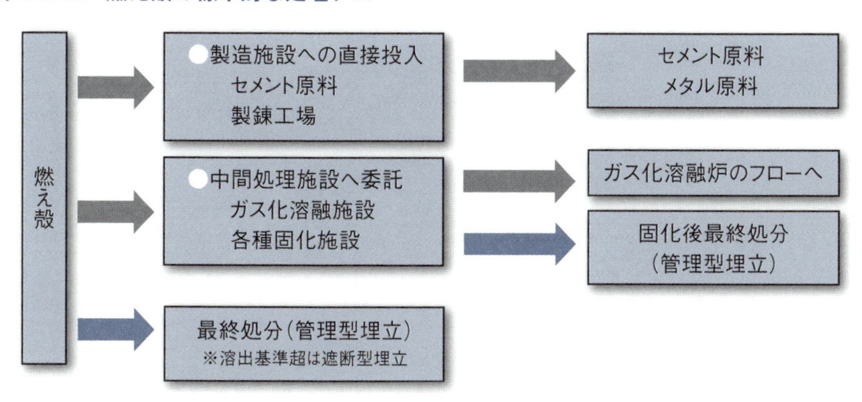

●ばいじんの処理

ばいじんは、環境省の定義によると「工場・事業場から発生する粒子状物質のうち、燃料その他の物の燃焼等に伴い発生する物質」のことをいいます。最近話題のPM2.5もばいじんの一種です。

ばいじんは、環境省の調査で約1,590万トン(平成23年度)の発生量があるとされています。主な発生業種は鉄鋼業および電気業で全体の約85％を占め、これに化学工業を加えた3業種の発生量は全体の約92％を占めています。ばいじんは大きく石炭灰と石炭灰以外のものに分類され、石炭灰はほとんどセメント原料として利用されています。石炭灰は専用の運搬容器(フライアッシュ用鉄道コンテナなど)や運搬車、運搬船で発生元からセメント工場に輸送されることが一般的です。

また石炭灰以外のばいじんも、たとえば、ばいじんの一種である副産石膏が石膏ボードの原料として使用されている(図4-2-3参照)ように、経済産業省の調査では90%を超えてリサイクル利用されています。

再利用されないばいじんは廃棄物としての処理がなされます。燃え殻と比べて重金属を含む割合は少ないのですが、ダイオキシン類を含む場合もあり、燃え殻と同様に溶出基準を超えた場合はコンクリート固化、安定剤による固化等を行った上で管理型処分場で埋立処理されることが一般的です。なお、基準内のばいじんは直接埋立てることも可能です。

図 4-2-3　石膏ボードのマテリアルフロー図

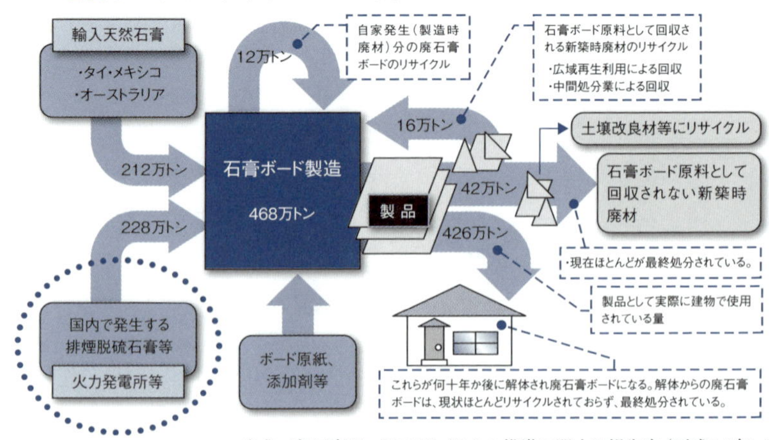

出典：廃石膏ボードのリサイクルの推進に関する報告書(平成14年、環境省)

図 4-2-4　セメント工場のばいじん処理フロー

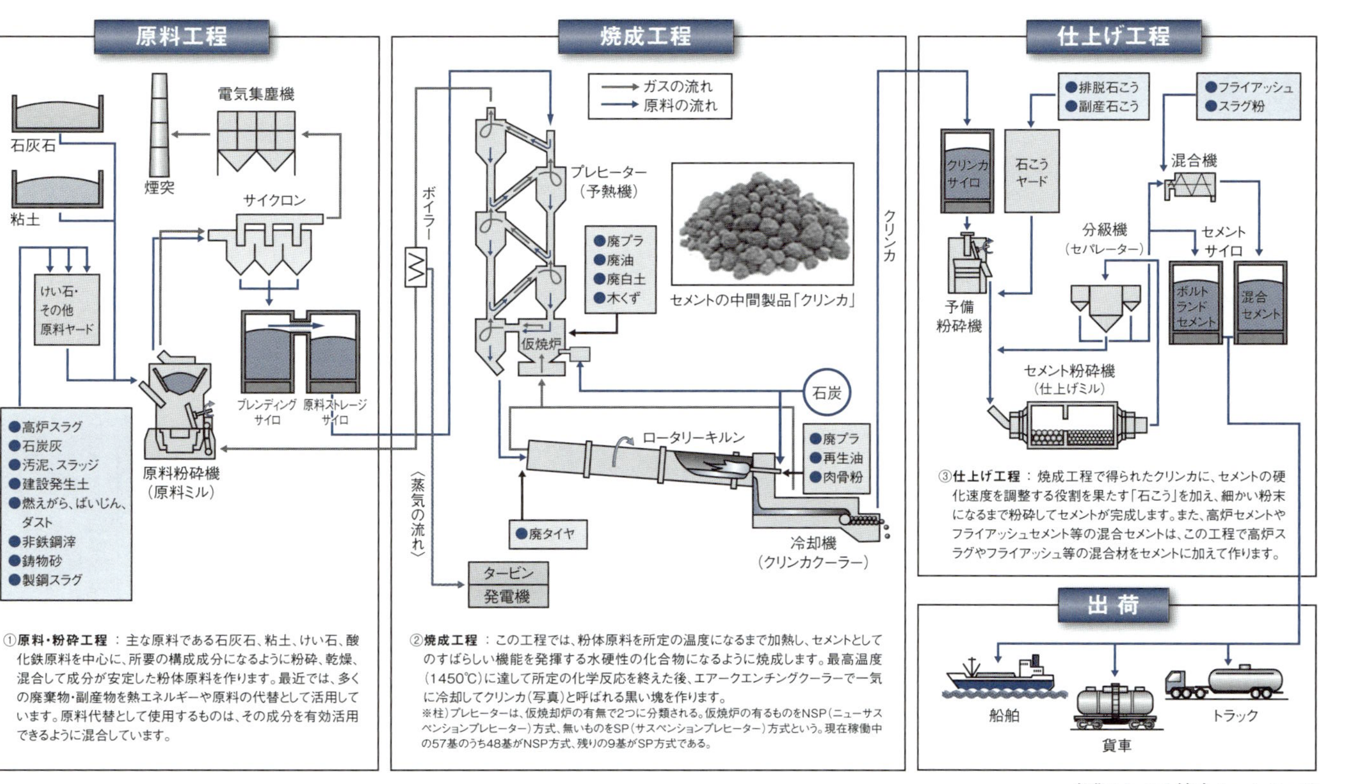

①**原料・粉砕工程**：主な原料である石灰石、粘土、けい石、酸化鉄原料を中心に、所要の構成成分になるように粉砕、乾燥、混合して成分が安定した粉体原料を作ります。最近では、多くの廃棄物・副産物を熱エネルギーや原料の代替として活用しています。原料代替として使用するものは、その成分を有効活用できるように混合しています。

②**焼成工程**：この工程では、粉体原料を所定の温度になるまで加熱し、セメントとしてのすばらしい機能を発揮する水硬性の化合物になるように焼成します。最高温度（1450℃）に達して所定の化学反応を終えた後、エアークエンチングクーラーで一気に冷却してクリンカ（写真）と呼ばれる黒い塊を作ります。

※柱）プレヒーターは、仮焼却炉の有無で2つに分類される。仮焼炉の有るものをNSP（ニューサスペンションプレヒーター）方式、無いものをSP（サスペンションプレヒーター）方式という。現在稼働中の57基のうち48基がNSP方式、残りの9基がSP方式である。

③**仕上げ工程**：焼成工程で得られたクリンカに、セメントの硬化速度を調整する役割を果たす「石こう」を加え、細かい粉末になるまで粉砕してセメントが完成します。また、高炉セメントやフライアッシュセメント等の混合セメントは、この工程で高炉スラグやフライアッシュ等の混合材をセメントに加えて作ります。

出典：セメント協会ホームページ

4-3 有価物、専ら物と廃棄物の関係

●有価物と廃棄物

少し視点を変えて、ここでは有価物と廃棄物の関係についてお話しします。排出事業者にとっては不要であっても、鉄スクラップや銅線、紙等、集めると売却できるものを「有価物」といいます。市況によって左右されますが、銅線のようにトン当たり数十万円で業者が買い取ってくれるものもあれば、木くずのようにトン当たり数円〜数千円程度にしかならないものもあります。

総合判断説については以前にも解説しましたが、廃棄物であるか否かは①その物の性状、②排出の状況、③通常の取り扱い形態、④取引価値の有無、⑤占有者の意思の5つを総合的に勘案して判断がなされます。逆説的ないい方になりますが、「有価物」とは総合判断説に従って判断をしたときに「廃棄物ではない」とされたものをいいます。有価であることが直ちに廃棄物でないことを表すものではありませんが、廃棄物でないものは有価物として取り扱われますので、有価での売買（売却可能物と呼ばれることもあります）が一般的です。

表 4-3-1　有価物と廃棄物の関係

パターン	収集・運搬	処分（再生含む）		廃棄物処理法上の扱い	運搬車両に必要な許可
	運搬費	処分費	処分の方法		
①	相手先負担	有価売却（相手先負担）	原材料として使用	有価物	運送業許可（自家用運搬を除く）
②	委託元負担	有価売却（相手先負担）	原材料として使用	処分費＞運搬費の場合有価物	運搬は原則として運送業許可
③	委託元負担	有価売却（相手先負担）	原材料として使用	処分費≦運搬費の場合 運搬中は廃棄物	収集・運搬業許可
④	委託元負担	委託元負担	原燃料として使用	収集・運搬、処分とも廃棄物の処理	収集・運搬業許可
⑤	委託元負担	委託元負担	最終処分	収集・運搬、処分とも廃棄物の処理	収集・運搬業許可

一方で、有価物であっても運賃がそれを上回るため（運搬費＋売却益≦0）、全体としては排出者が費用負担をしなければいけない場合があります。いわゆる「逆有償」と呼ばれるケースです。後述しますがこの場合は、運搬期間中は法律上「廃棄物」として扱わなければいけません。

製品の売買価格は市況により変動しますし、運賃も燃料価格に左右されるため、有価性の低い製品の売買の際に発生することがあり、運賃を含めた有償売買が可能かどうかは、常に見極めておく必要があります。

●運送業許可の有無確認に注意

このような場合を含めた有価物の取り扱いに関して、環境省ではいくつかの通知で廃棄物該当性の判断を例示しています。表4-3-1は環境省の通知に加え、運送業法との関係を加味し、どのような場合が廃棄物に該当するかが一目瞭然になるよう5パターンに分類し作成したものです。

上述した「逆有償」は③のパターンの場合をいいます。運搬期間中は廃棄物、相手に引き渡した段階で有価物とされます。この場合の運搬は収集・運搬業許可のもとで行い、当然ながらマニフェストの使用も必要になります。

この表の中で特に注意が必要になるのは②のケースです。有価物の運搬には運送業許可が必要（自家用での運搬を除く）であるにもかかわらず、廃棄物処理の工程の中で有価物としての取引がなされることから、収集・運搬業許可のもとでの運搬が行われることがあるからです。この場合は当然、運送業法違反に該当します。環境省の通知には運搬期間中の対象物の分類方法（この場合は「有価物」として扱われる）のみが記述されていて、運送業法に関する記述は見受けられません。しかし上述のように、運送業許可の有無の確認が重要なポイントになることを排出側はよく理解しておく必要があります。

また、④の場合は原燃料としての使用が前提ですが、相手方に処分費用を支払っていますので有価物としての扱いはできません。有用物であっても廃棄物とみなされるため、処分（処理）の委託に該当することから、通常の処理委託と同様に処理委託契約の締結とマニフェストの使用が必要です。

なお、有価物の取引にあたっては、廃棄物処理委託契約の締結は必要ありませんが、リスク管理の一環として売買契約の締結と、取引量の記録をしておくことをおすすめします。

●専ら物

廃棄物処理の現場では「専ら物」と呼ばれるものがあります。具体的には古紙、くず鉄（古銅含む）、空きびん、古繊維の4品目を指します（昭和46年厚生省通知）。廃棄物処理法の特例措置のひとつで、下記は業の許可が不要とされているところから、「専ら物」と呼ばれるようになりました。

①「専ら再生利用の目的となる廃棄物の収集または運搬のみを業として行う者」
（廃棄物処理法第7条第1項但し書きおよび第14条第1項但し書き）
②「専ら再生利用の目的となる廃棄物のみの処分を業として行う者」
（廃棄物処理法第7条第6項、第14条第6項但し書き）

しかし、条文をよく見ると「物」ではなく、対象物を取り扱う「者」に対する規定であることがわかります。つまり、ほかの廃棄物を併せて扱う事業者は業の許可が必要となるわけで、この点については誤解のないように注意をする必要があります。

なお、マニフェストの交付については、施行規則第8条の19第3号により行わなくてよいとされています。

専ら物は有価で取引される場合が多く、その点で有価物と混同されやすいのですが、あくまでも廃棄物の一部としての特例ですので、きちんと区分する必要があります。

専ら物の処理委託にあたって注意をすべき点は下記のとおりです。

①収集・運搬、処分とも処理委託契約書の締結をすること
②専ら物以外のものと同載をしないこと（運搬時）
③専ら物以外の処分を行わないこと（処分時）
④委託量の記録を残すこと
⑤業務終了報告を求めること

④、⑤は通常はマニフェストで代用可能ですが、マニフェストを使わない場合、記録および終了報告が別途必要になります。

図4-3-1に有価物、廃棄物、専ら物の関係を表現してみました。イメージをつかむことができるでしょうか。

図 4-3-1　有価物、専ら物と廃棄物の関係

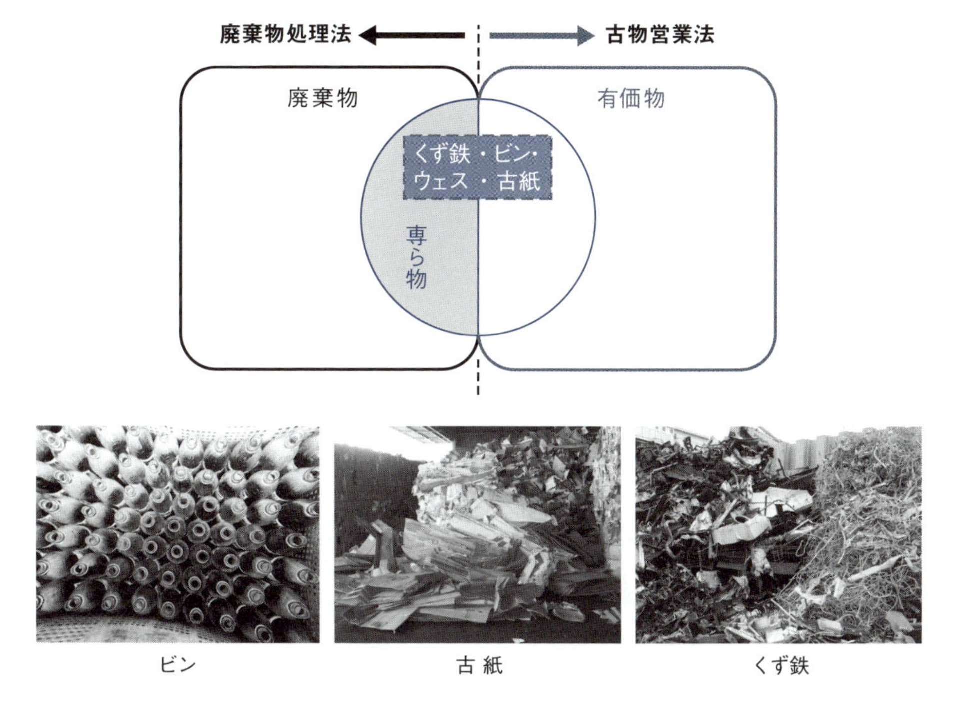

Column

古物と古物営業法について

古物営業法では古物を「一度使用された物品（中略）もしくは使用されない物品で使用のために取引されたものまたはこれらの物品に幾分の手入れをしたものをいう。」と定めています。古物の営業は許可制になっており、売買等を行う者は運転免許証と同様に警察の窓口に申請し、公安委員会の許可を受ける必要があります。

なお、「庭石、石灯籠、空き箱、空き缶類、金属原材料、被覆のない古銅線類」は古物には相当しないとされていますが、詳しくは各警察のホームページを参照してください。

4-4 パソコン・事務機器

●パソコン3R推進協会のリサイクル

パソコンは、資源有効利用促進法で自動車やパチンコ遊技機などとともに特定省資源化製品および指定再利用促進製品に指定されています。長期間の利用促進（特定省資源化製品）、再生資源または再生部品の利用促進（指定再利用促進製品）に自主的に取り組むしくみを構築することで3Rを推進しようとするものです。このための枠組みとして、ほぼすべてのパソコンメーカーが参加して、一般社団法人パソコン3R推進協会を立ち上げ、リサイクルのしくみを広く提供しています。図4-4-1は、パソコン3R推進協会で行っているパソコン回収の概要を示した図です。

図 4-4-1　パソコン回収からリサイクルまでの流れ

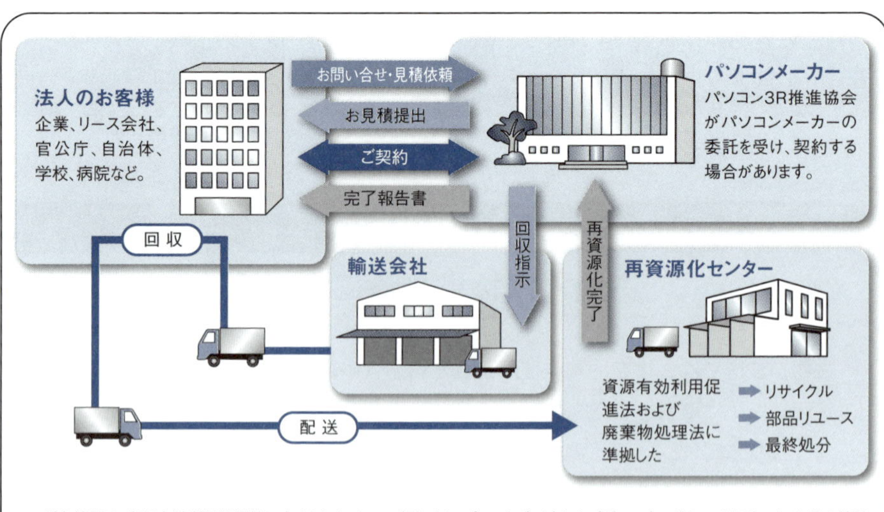
法人のお客様
企業、リース会社、官公庁、自治体、学校、病院など。
お問い合せ・見積依頼
お見積提出
ご契約
完了報告書
パソコンメーカー
パソコン3R推進協会がパソコンメーカーの委託を受け、契約する場合があります。
回収
回収指示
再資源化完了
輸送会社
再資源化センター
配送
資源有効利用促進法および廃棄物処理法に準拠した
リサイクル
部品リユース
最終処分
※対象機器は、資源有効利用促進法に定められたパソコン（デスクトップ・ノートブック）およびディスプレイ（CRT・液晶）ですが、他の情報通信機器も同時に回収することがあります。詳しくは、裏面のパソコンメーカーの問合せ・申込窓口にご確認ください。
※ハードディスクに残存するデータの消去はお客様責任となりますが、データ消去サービスを行っていることがあります。詳しくは、裏面のパソコンメーカーの問合せ・申込窓口にご確認ください。

出典：パソコン3R 推進協会パンフレットより

●中古PC業者によるリサイクル

一方で、資源循環利用促進法によらずにパソコンのリユース・リサイクルを事業化している企業や障がい者就労支援施設もあります。これらの企業や障がい者支援施設ではパソコンを有価で買い取りデータ消去を行ったうえで、正規ライセンスのある基本OSをインストールした再生PCの販売を行っています。

再生できないPCはハードディスク破壊装置などで、ハードディスクの物理破壊を行った後に、手作業で細かく分解しています。分解された部材は素材ごとにまとめられ、製錬会社などの再生事業者に販売されています。

そのほとんどがリサイクルされる優れたしくみですが、4-5節で説明する廃家電品とともに、違法回収を行う業者もあります。特に街なかで最近よく見かける家電品の回収車は、そのほとんどが違法回収車で、回収されたもののうち有価での売却ができないものは、不適切な処理をされてしまうケースがほとんどです。結果として、自らも不適正処理に加担をしてしまうことになりますので、これらの業者には引き取りを依頼しないようにしましょう。

図 4-4-2　ハードディスク破壊装置と破壊後に分解されたHDDの写真

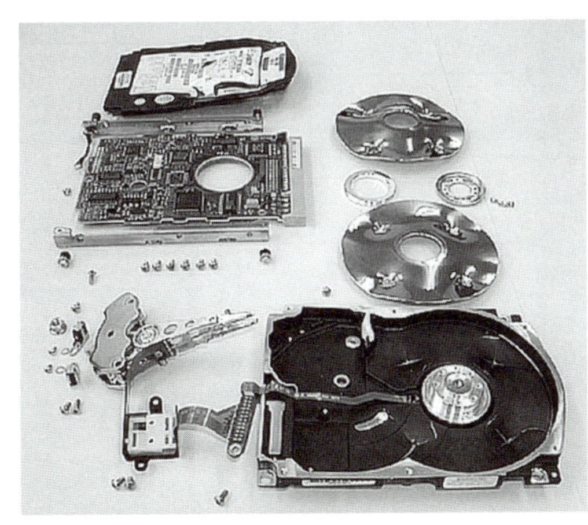

写真提供：日東造機株式会社

4-5 廃家電品などの回収

●家電リサイクル法・小型家電リサイクル法のしくみ

家電リサイクル法は2001年に施行された法律で、正式名称を「特定家庭用機器再商品化法」といいます。対象家電はエアコン、冷蔵庫・冷凍庫、テレビ、洗濯機・衣類乾燥機の4品目です。施行当初は冷凍庫、薄型テレビ、衣類乾燥機は含まれていませんでしたが、現在はそれらも対象に指定されています。

これらの対象機器はほぼ100％の家庭に普及しており、廃棄されるのは買い替えるときであるため、廃家電品の回収義務を新規商品の販売事業者にも義務付けしたところに特徴があります。しかし、廃棄のための費用を廃棄時に排出者が負担するしくみのため、費用負担を嫌う一部の消費者が不法に投棄するケースが後を絶たず、この法律を取り巻く大きな課題のひとつとなっています。

図 4-5-1　家電リサイクルのしくみ（郵便局払い込み方式）

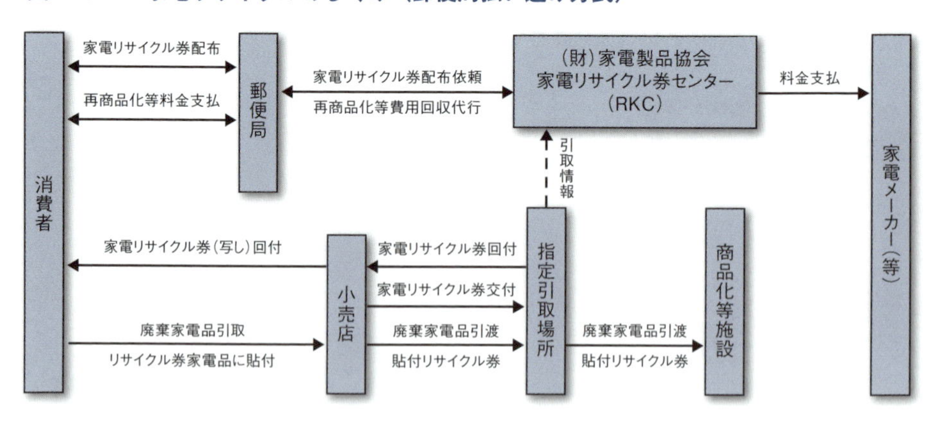

2013年に施行された小型家電リサイクル法では、市町村が小型家電を回収し、それを認定事業者が継続的に買い取ることでリサイクルを推進するしくみが採用されています。対象となる小型家電は時計やゲーム機、アイロンや電子レンジ、携帯電話、オーディオセットなど96種類に及んでいます。回収に必要な費用も市町村によって異なり、無料で行っているところもあれば、品目によって有料、無料を区分して回収している市町村もあります。小型家電リサイクル法の概要は図4-5-2のとおりです。

なお、事業に伴って廃棄される小型家電類は、すべて産業廃棄物に分類されますので、契約済みの委託先にマニフェストとともに引き渡して処理を行わなければなりません。

携帯電話や一部のゲーム機のように、記憶装置に個人情報が残っている可能性のある製品に関して、情報に関するセキュリティをどのように保全するかは今後検討する必要がありそうです。いずれにしても、まだ始まったばかりのしくみですので、成果が出るのはしばらく先になりそうです。

図 4-5-2　小型家電リサイクル法のしくみ

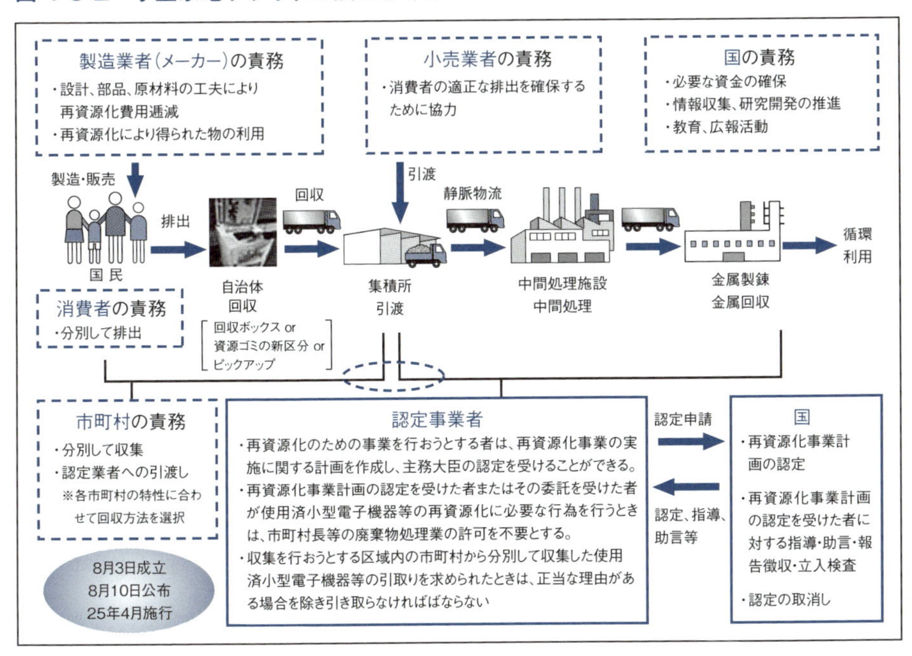

出典：環境省ホームページ

4-6 リサイクルへの対応

●リサイクル該当性について

3Rにおけるリサイクルは、資源の有効利用や環境負荷の低減の面から積極的に取り組むべき課題のひとつですが、同時にリサイクルに名を借りた不適正処理も横行しているため、あくまでも廃棄物処理法をベースにした管理が必要となります。

リサイクル対象となる廃棄物は、下記のように大きく3つに分けられます。

① 排出時点で既に有価性のあるもの（厳密にいうと廃棄物ではありません）
② 中間処理を行って有価性を獲得するもの
③ 有価性はないものの原燃料としての利用価値のあるもの

なお、①には中間処理を行うことによって有価性を高めることができるものも含まれます。

有価性の高いものはマテリアルリサイクルの原材料とされることが多く、有価性が低下していくにしたがってサーマルリサイクルの割合が増えていく傾向にあります。中間処理を行っても有用性（有価性ではありません）を獲得できない廃棄物は、焼却されるか最終処分（埋立）されることになるわけです。

廃棄物処理の現場では事業者の環境への意識の高まりとともに、リサイクルに対する意識も高まっていますが、このときに担当者を困らせる原因のひとつにリサイクル率の問題があります。どの処理がリサイクルに該当するかの判断は意外と難しいものなのです。

たとえば、廃棄物を委託して焼却するケースを考えてみましょう。焼却時に発生する熱を回収して発電を行うサーマルリサイクルは、排出事業者にとっても焼却を行う事業者にとってもリサイクルしているといえますが、焼却灰のリサイクルについてはどうでしょうか。少なくとも焼却を行う事業者にとってはリサイクルに該当しますが、排出事業者の立場からすると微妙なものがあります。

●リサイクルとしてカウントできる処理パターン

表4-6-1をご覧ください。この表は4-3節の表4-3-1で説明したパターンに、リサイクル対応についての可否を加えて作成したものです。どこまでの範囲でリサイクルとしてのカウントを行うかは、立場により議論の分かれるところですが、この表では委託先がどのような処分を行うかによってリサイクル該当性の判断を行っています。

表4-6-1　リサイクルとしてカウントできる処理方法

パターン	収集・運搬	処分（再生含む）		廃棄物処理法上の扱い	リサイクルカウント
	運搬費	処分費	処分の方法		
①	相手先負担	有価売却（相手先負担）	原材料として使用	有価物	○
②	委託元負担	有価売却（相手先負担）	原材料として使用	処分費>運搬費の場合有価物	○
③	委託元負担	有価売却（相手先負担）	原材料として使用	処分費≦運搬費の場合運搬中は廃棄物	○
④	委託元負担	委託元負担	原燃料として使用	収集・運搬、処分とも廃棄物の処理	○
⑤	委託元負担	委託元負担	最終処分	収集・運搬、処分とも廃棄物の処理	×

この基準に従うと、①～③は逆有償のケースを含め、原材料としての使用が確実ですので、すべてリサイクルとして扱うことが可能です。

④のパターンは中間処理工程を経て廃棄物が原燃料化されるケースを表していて、さらに3つのパターンに分類することが可能です。

ひとつめは中間処理により廃棄物を燃料に加工する方法です。RPF（廃棄物固形化燃料、Refuse Paper & Plastic Fuel）製造のような燃料製造が典型例です。製造されたRPFは石炭代替燃料として有価で取り引きされます。また、廃プラスチック類は細かく破砕を行うことでそのまま石油代替燃料として利用することができます。

ふたつめは熱回収目的で廃棄物の焼却処理を委託する場合です。多くは廃棄物発電といわれるケースで、廃熱を利用して発生させた蒸気を使ってタービンを回転させ発電します。このときの熱回収率は、発電ロスが生ずるため概ね5～10％にとどまります。このほか、焼却時に発生する廃熱を熱源として直接利用するケースもあります。

3つめはセメント会社への処理委託が典型例です。セメント会社に処分費を支払って廃棄物の処理をしてもらいますので、この観点からはあくまでも廃棄物の処理委託として捉える必要があります。その一方で、当該廃棄物はセメントの原材料の一部として使用され、そのままセメントにリサイクルされることになります。セメント会社の原料に占める廃棄物の割合は、企業によっては40％を超えており、電炉会社や非鉄製錬会社、段ボール製造会社とともにリサイクル企業の代名詞であるともいわれています。

⑤は埋立て処分ですのでリサイクルではありません。

●注意が必要なリサイクル

廃棄物処理との兼ね合いにおいて注意が必要になるのは、有価性の低いもののリサイクルです。表4-6-1の③のパターンで起こりやすいものとして、リサイクル名目で廃棄物を大量に保管をするケースがあります。性状や経済情勢によっては有価での取り引きが困難となる場合も多く見受けられます。このときに、処理委託費用の負担を嫌って、大量の廃棄物を放置するケースが後を絶たず、結果として不法投棄や不適正保管を引き起こす要因のひとつに数えられています。

図4-6-1
リサイクル名目で不法投機された廃プラスチック類

図4-6-1のような廃プラスチック類や木くずなどは可燃物ですので、大量の保管には消防法が適用される場合があります。廃棄物でないからとあきらめずに、さまざまな法律を駆使して不適正処理に対応したいものです。

第5章

契約書とマニフェスト運用の実際

この章では、排出事業者に求められている廃棄物処理の
具体的な業務について解説をします。
契約書とマニフェストの運用をベースに、体制づくりと業者選択についても
詳しく解説を加えてあります。
排出事業者にとって知っておかなければならない必須の知識です。

5-1 管理体制の整備

廃棄物を適正に処理するには、委託先の業者選定以前に、排出事業者側の管理体制を整備する必要があります（図5-1-1参照）。担当者、責任者を定め業務分担を明確にし、業務に対する責任をはっきりさせます。図5-1-2のフロー図に示してあるように、社内の処理体制図の策定も効果的です。

廃棄物の適正処理を確実に行うためには、構築された社内体制に基づく契約書の作成・締結・保管と産業廃棄物管理票（マニフェスト）の適切な運用・管理が必須の要件となります。

図 5-1-1　産業廃棄物適正処理業務フローの例

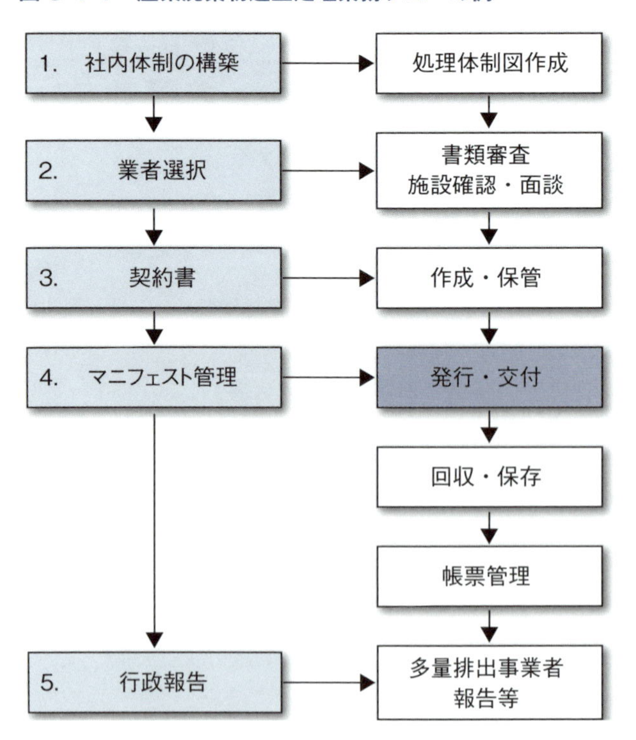

1～5の業務ごとに責任者・担当者を定め、業務分担と責任の所在を明確にするとよい。

●処理体制の構築と体制図の作成

管理体制を構築するにあたって最初にしなければならないのは処理体制の構築です。図5-1-1での説明でも触れましたが、責任の所在と業務範囲を明確に定めることが適正処理の出発点であるといっても過言ではありません。

排出事業者にとって廃棄物の不適正処理に直面した場合の対応は、事故やクレーム発生時と同様に、①責任回避をせず、②積極的に結果責任を負い、③スピード感を持って適切な措置を講ずることの3点に要約されます。このためにも社内体制を明確にしておく必要があるのです。事後対応を誤ると問題解決に多大な費用と時間が必要となるほか、企業価値の大きな毀損につながることもありますので、十分な配慮が必要です。

図 5-1-2　産業廃棄物適正処理体制図の例

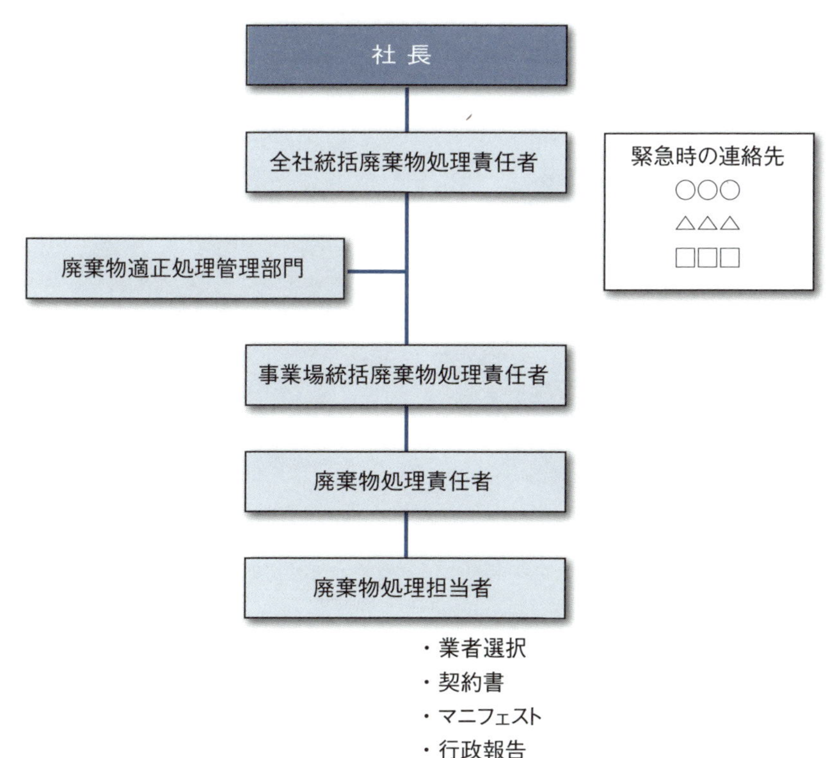

5-2 適切な委託業者の選定

図5-2-1は平成24年度の廃棄物の不適正処理の件数と量を集計したものです。件数では排出事業者が約4分の3を占めていますが、量のほうでは排出事業者は約3割にとどまっています。許可業者が行った不適正処理量が約3割を占め、残りの3割についても許可を得た業者が何らかの形で関与しているといわれています。不適正処理量の約7割に許可業者が関わっていることが推測されるわけで、適正な処理を行うことのできる業者の選定の重要性をよく表しています。

図 5-2-1　産業廃棄物の不適正処理の状況（平成 24 年度）

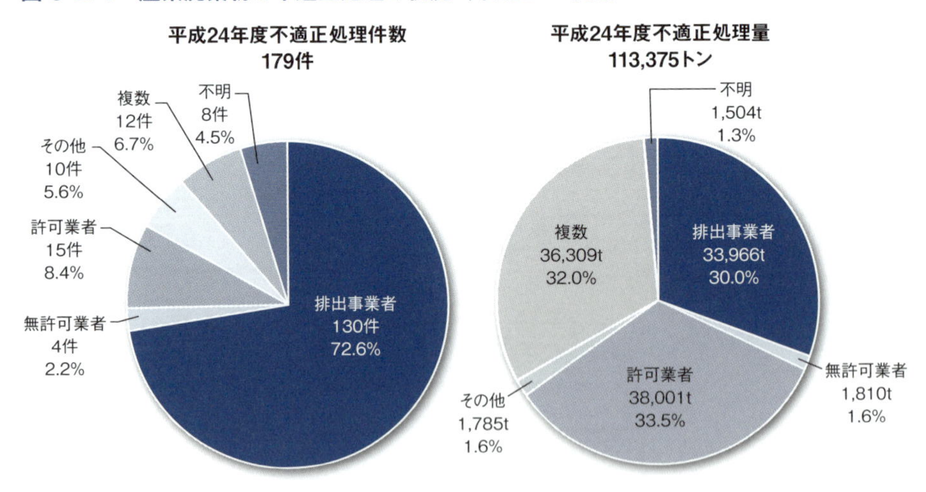

出典：環境省「産業廃棄物の不法投棄等の状況（平成24年度）について」

●産業廃棄物処理業の許可は「警察許可」の代表

産業廃棄物処理業許可は、その申請が法令に適合して行われた場合、許可権者は申請に基づき業許可を付与しなければならない（29ページ参照）とされています。このように、法定要件を満足した申請に対して事実上許可権者に裁量の余地がない許可のことを「警察許可」といいます。産業廃棄物処理業許可は運転免許と並んで警察許可の代表的なもののひとつとされています。

産業廃棄物の処理委託にあたって排出事業者は、産業廃棄物処理業許可のあることを前提として業者選びをする必要があります。しかし、運転免許が運転の適法性を保証するものではないのと同様に、業許可が業者の適正さを保証することはありません。適正さの判断はあくまでも排出事業者に委ねられています。

●処理業者の適正性に関する判断基準

以下、筆者が考える処理業者の適正性の判断方法のひとつを紹介いたします。表5-2-1に掲げる5項目で評価をする方法です。少しハードルが高いと思われるかもしれませんが、決して難しいことはありません。なお、総合的・全般的な評価項目はすべての産業廃棄物処理業者、個別・具体的項目は主に中間処理業者の判断に使います。

ここで取り上げた5項目は、表5-2-1に示す手段で検証を行います。表にある「面談」は経営者との面談を指します。ただし、事業規模の大きい処理業者の場合は、取締役クラスの経営陣または事業部長等の職責者との面談でも構いません。これらの5項目の詳細は5-3節で詳しく示します。

表に基づいて業者チェックを行い、信頼性の高い業者を選択することが、排出事業者にとって廃棄物処理の第一歩となるわけです。

表 5-2-1　適正性判断のための 5 項目と確認方法

	項　目	書類確認	現地確認	面談
総合的・全般的な評価項目	1. 事業の継続性	○		○
	2. 遵法性	○	○	○
	3. 事務能力	○	○	
廃棄物処理業に関する個別・具体的項目	4. 処理方法・内容	○	○	
	5. 処理後の廃棄物の処分方法	○	△	

5-3 適正性判断基準の詳細

以下、表5-3-1に示した処理業者の適正性に関する判断基準の詳細を説明します。

(1) 事業の継続性

事業の継続性では、5つの項目を確認します。①経営方針、ビジョンが明確に策定されているかどうか、②後継経営者を選定し育成をしているかどうか、③経営状態では決算書等の確認、④施設の維持管理に関する方針、予算等計画の有無、⑤社内教育等人材育成の状況です。この5項目は廃棄物の処理委託だけではなく、取引先の与信確認の際などでも次の遵法性確認とともに確認をすべき必須項目であるといえます。

(2) 遵法性

遵法性は、①社会的側面および②社内的側面の両面から確認を行います。前述のとおり、処理業者に限定されないチェックポイントでもありますが、廃棄物処理については処理業務そのものが法令により規定される性格を強く持っているため、厳密にチェックする必要のある項目です。

(3) 事務能力

見落としがちな項目が事務能力です。

①契約書作成能力は、大多数の排出事業者が処理委託契約書の作成を処理業者に委ねている現状にあっては、委託基準違反に直結する重要なポイントです。適正な処理委託契約書の作成を行うことのできない処理業者も多く存在しますので、特に注意を要します。

②マニフェストについても同様です。多くの排出事業者が処理業者の印字サービスを受けていますので、適正な印字ができない業者および適切な運用のできない業者では、マニフェスト関連の違反を引き起こす可能性があります。

表5-3-1　適正性判断基準詳細の例

(1) 事業の継続性
- ①経営方針・ビジョン
- ②事業承継・後継者対策
- ③経営状態
- ④設備の維持・更新に関する対応
- ⑤人材育成のアプローチ

(2) 遵法性
- ①社会性・法令に関する事項
  - ・業許可証記載内容の確認
  - ・各種法令への対応
  - ・社会常識の習得
  - ・反社会的勢力への対応
- ②社内体制に関する事項
  - ・社内監査体制
  - ・ISO・エコアクション等の取得の状況
  - ・法令に定められた社内組織の設置と確実な運営（安全衛生委員会など）
  - ・社員への教育、研修制度

(3) 事務能力
- ①処理委託契約書
  - ・作成、維持管理能力
  - ・保管の状況
- ②マニフェスト
  - ・運用能力
  - ・保管の状況
- ③日常業務等
  - ・請求、入金管理
  - ・営業のレスポンス
  - ・イレギュラー時の対応　等

(4) 処理方法・内容
- ①処理施設の設置状況
- ②設置施設の稼働状況
- ③受け入れ基準の有無、透明度
- ④処分前の廃棄物保管状況、保管量
- ⑤払い出し基準の有無
- ⑥処分後の廃棄物の状況（保管量、品質、保管状況等）
- ⑦労働安全衛生に関する状況　等

(5) 処理後の廃棄物の処分方法
- ①2次委託先業者の適正性に関する確認の状況
- ②2次委託先業者の受け入れ基準の把握の状況
- ③2次委託先業者の処分方法の確認
- ④処理後廃棄物と上記②、③項目との整合性の確認
- ⑤リサイクル率の確認　等

③の日常業務における事務処理能力は、入出金業務や注文書請書等の受発注業務などが判断の中心になります。日常業務には事務処理能力が端的に表れますので、不安を覚えた場合は契約書とマニフェストのチェックを行うことをおすすめします。

(4) 処理方法・内容

特に中間処理業者の適正性判断には欠かせない項目です。図5-3-1、5-3-2の例を見ると明らかなように、現地確認が必須のポイントとなります。中間処理前の廃棄物が保管基準違反の状態で保管されている光景は決して珍しいものではありません。

また、③受け入れ基準、⑤払い出し基準についてはチェックされないことが多いのですが、忘れずにチェックすべきポイントです。⑦の労働安全に関する項目は、特に製造業の方々にはわかりやすいチェックポイントだと思います。

(5) 処理後の廃棄物の処分方法

中間処理業者の適正性をチェックする際に特に重要なポイントが、中間処理後の廃棄物の荷姿と処分方法、処分先の関係です。中間処理後の廃棄物の状況と、その受け入れ先である最終処分場の受け入れ基準に合致していない場合は不適正処理を疑う必要があります。リサイクルの場合も同様で、リサイクル先の受け入れ基準に合致しない廃棄物は、相手先に受け入れられることはないからです。

●処理委託に関する判断基準

上述の、適正性に関する5つの基準ごとに評価を行い、それを総合して委託可能性の判断を行います。書類審査の内容と現地確認した内容、面談時の受け答え等で5項目のチェック事項と矛盾が少ないようであれば、比較的安心できる業者であるといえます。ただし、面談時の内容および現地確認時の対応については必ず書類との整合性を確認してください。

図5-3-1　整理が行き届いた処分場の例

図5-3-2　不適正保管の処分場の例

5-4 処理委託契約書

前節で説明した業者選択が完了するといよいよ処理委託契約書の作成に入ります。法律で定められた内容を過不足なく盛り込んで作成する必要がありますので、ミスを起こさないよう、きちんとした知識の習得が必要です。

●産業廃棄物処理委託契約書締結の原則

産業廃棄物の処理を委託するために結ぶ契約書は「産業廃棄物処理委託契約書」と呼ばれます。

排出事業者は、廃棄物の処理委託にあたって、収集・運搬は収集・運搬業者（産業廃棄物収集・運搬委託契約書）と、処分は中間処理業者（産業廃棄物中間処理委託契約書）または最終処分業者（産業廃棄物最終処分委託契約書）と、それぞれ法定要件を満たした書面による契約をすることが法律で定められています。「それぞれ」とは、収集・運搬と処分を図5-4-1のとおり別々に契約することをいいます。

契約書の作成にあたって特に注意をしなければいけないのは、法定記載要件を満足させていない契約書では、契約をしたとみなされない場合があることです。その場合、不法投棄や不適正処理の原因のひとつとして行政から追及される可能性があります。

これまでの不法投棄事例では、委託契約書の不備を根拠に、廃棄物の原状回復費用の負担を求められたり、自主撤去を求められたりしただけではなく、措置命令を発出され、命令に基づいて排出事業者が撤去を行ったケースもありました。

また、法定要件を満たしていない契約書は委託基準を満たしていないことから、今後は排出事業者が委託基準違反を問われる場合も出てくる可能性があります。なお、委託基準違反に問われるのは排出事業者のみです。詳細については次章をご覧ください。

図 5-4-1　廃棄物処理委託契約の流れ

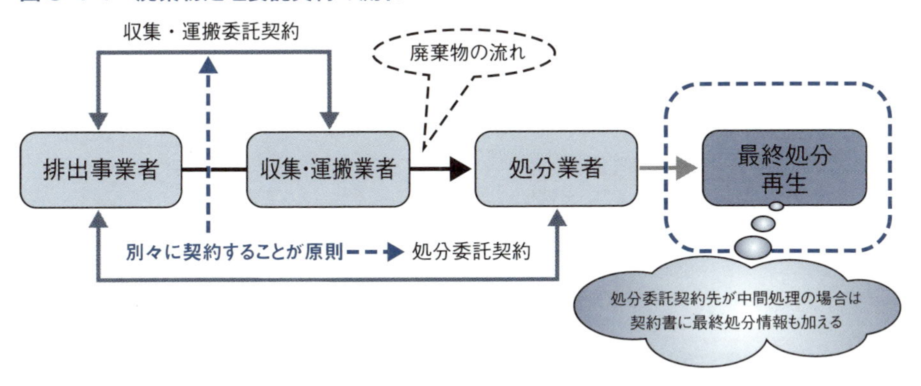

これらをまとめると、次のように表現できます。

①契約書は処理の委託に先立って締結する
②収集・運搬業者と処分業者、それぞれと締結する
③契約書には法定記載事項を網羅しなければならない

処理委託契約書の保存期間も契約終了の日から5年間と、法律で定められています。ただし、法人税法の規定では5年ではなく7年の定めがありますので、注意してください。

なお、図5-4-2のように、収集・運搬処理委託契約書と処分委託契約書を分けずに、いわゆる3者契約の形で行うことは原則として禁じられています。

図 5-4-2　3 者契約

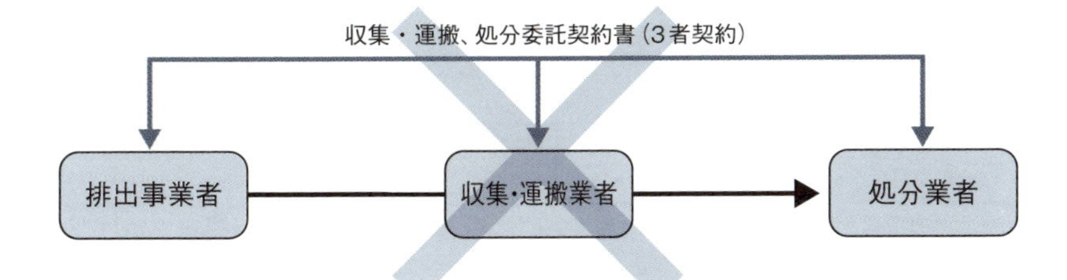

●契約書に記載をしなければいけない項目

処理委託契約書を結ぶ際には、法令（施行令第6条の2および施行規則第8条の4、第8条の4の2）の定める項目を網羅する必要があります。法令のままですとわかりにくいので、次の表5-4-1のようにまとめてみました。

「法定記載要件」という言葉は、既に何回か出てきていますが、これらの項目のことを指しています。処理委託契約書の作成に注意が必要であることをおわかりいただけると思います。

表 5-4-1　契約書に定める項目

(あ) 共通記載事項		
	1) 委託する（特別管理）産業廃棄物の種類および数量	
	2) 委託契約の有効期間	
	3) 委託者が受託者に支払う料金	
	4) 受託者の事業の範囲	
	5) 委託者の有する適正処理のために必要な事項に関する情報	
		(ア) 性状および荷姿
		(イ) 通常の保管状況の下での腐敗、揮発等性状の変化に関する事項
		(ウ) 他の廃棄物の混合等により生ずる支障に関する事項
		(エ) 日本工業規格 C0950号に規定する含有マークの表示に関する事項
		(オ) 石綿含有産業廃棄物または特定産業廃棄物が含まれる場合には、その事項
		(カ) その他、取り扱いに関する注意事項
	6) 委託契約の有効期間中に前項の情報に変更があった場合の伝達方法に関する事項	
	7) 委託業務終了時の受託者の委託者への報告に関する事項	
	8) 契約解除時の処理されない（特別管理）産業廃棄物の取り扱いに関する事項	
(い) 運搬委託契約書の記載事項		
	1) 運搬の最終目的地の所在地	
	2)（積替保管をする場合には）積替えまたは保管の場所の所在地、保管できる産業廃棄物の種類、保管上限に関する事項	
	3)（安定型産業廃棄物の場合には）積替えまたは保管の場所において、他の廃棄物と混合することの許否等に関する事項	
(う) 処分委託契約書の記載事項		
	1) 処分または再生の場所の所在地、処分または再生の方法および処理能力	
	2) 最終処分の場所の所在地、最終処分の方法および処理能力	

●契約書の類型

処理委託契約書には下記の3つの類型があります。

① 一時契約（有期契約）書
② 継続取引を前提とした契約書
③ 基本契約書

①の一時契約書が基本的な契約書式です。一定の期間を定め、期間が終了すると同時に契約の効力も失われます。ビルやマンションなど大型建設現場のように、期間限定で産業廃棄物が発生する事業場からの処理委託に多く利用されています。

②の継続契約のタイプは、①と同様に契約期間を定めますが、契約期間満了の前にどちらか一方（もしくは双方）が解約の申出をしない場合、定められた期間が自動的に延長する、という自動更新条項を加えたものです。製造工場や店舗など、継続的に産業廃棄物が発生する事業場からの処理委託時に使用されます。契約を終了したい場合は、相手方に申出を行う必要があります。

③の基本契約書形式は、②の契約書と同様に継続契約が前提となりますが、契約の共通事項のみを定めたもので、基本契約書のみでは廃棄物処理法に定められた法定要件すべてを満足させておらず、処理委託時には個別の契約書（指示書、注文書等）を交付しなければならない点に特色があります。

たとえば住宅建設を請け負うハウスメーカーのように、短期間かついろいろな場所に事業場が散在する（個別散在型といいます）事業場を抱える事業者が採用することの多い契約方法です。一見面倒な契約書式に見えますが、特に建設事業者にとっては、通常の下請け工事店への発注に伴う契約書式と同様の体裁となるため、使い勝手はむしろよいものであるといえます。

気をつけなければいけないのは、いずれの書式を使用する場合でも、契約書の作成責任は排出事業者が負う点です。処理業者に作成を委ねるケースも多くみられますが、その場合でも排出事業者の責任は免れません。これは、あくまでも産業廃棄物の処理責任は事業者にあり、それは処理の委託を行う場合でも変わらないからです。

5-5 標準的な契約書式の例①
連合会ひな形

今まで説明したように、処理委託契約書作成は排出事業者が行うことが原則ですが、自ら作成できる事業者はそれほど多くはありません。実際にはさまざまな団体が用意しているひな形を利用するケースがほとんどです。ここでは比較的よく使われているひな形を４種類紹介します。

●連合会ひな形

公益社団法人全国産業資源循環連合会が作成、提供しているひな形です。最も多く利用されているひな形で、かつては同連合会のホームページから無料でダウンロードできましたが、最近では会員にのみ提供されるように変わっています。

全国産業資源循環連合会は主に産業廃棄物処理業者が加盟する社団法人です。そのため、委託先（予定を含む）の処理業者に契約書の作成を依頼すると、建設系廃棄物を除きほとんどの場合、このひな形が使われることになります。また、連合会ひな形をベースに、処理業者が一部手直しをした独自書式を作成して排出事業者に提供するケースもあります。

連合会ひな形は、処理業者から排出事業者に提供されることを前提に、処理業者の立場で作成されています。このため契約書の約款は、第三者への賠償規定や契約解除の場合の措置（第12条）など、どちらかというと処理業者に配慮したものになっています。また、5-4節の類型に当てはめると、この書式は前節で説明した①の有期契約か②の継続契約かを条文中で選べる（第14条）ように設計されています。

中間処理の委託時に必要な最終処分（再生を含む）先の情報については、このひな形でも前節表5-4-1（う）に示した「最終処分の場所の所在地、最終処分の方法および処理能力」に関する法定要件は網羅されてはいるものの、排出事業者の立場からは物足りない部分があります。

次の図5-5-1は連合会ひな形の処分委託契約書における核心部分です。前出の「行政処分の指針」の中にある「最終処分に至る過程の一連の処理の適正性の確認」（25ページ参照）の観点に照らすと、第2条（委託内容）における「2.（委託する産業廃棄物の種類、数量及び単価）」と「5.（最終処分の場所、方法及び処理能力）」の関係性が必ずしも明確ではなく、また、処理の実際と異なる場合も多々見受けられます。契約書締結にあたって排出事業者が気をつけなければならないポイントのひとつです。

図 5-5-1　連合会ひな形

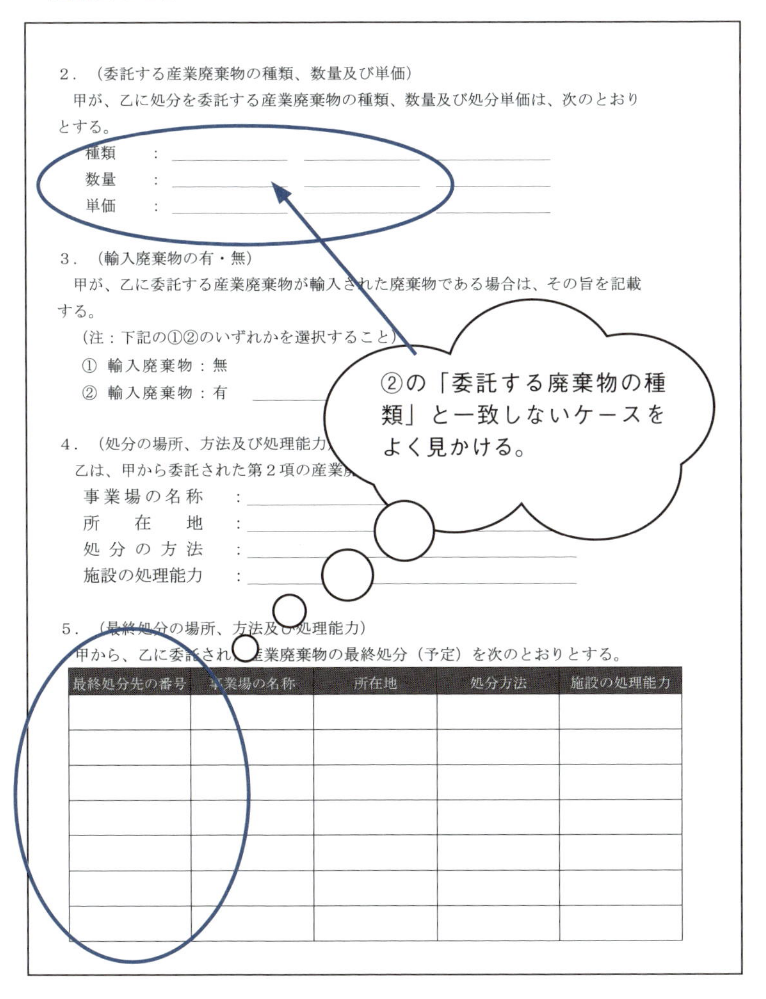

2．（委託する産業廃棄物の種類、数量及び単価）

甲が、乙に処分を委託する産業廃棄物の種類、数量及び処分単価は、次のとおりとする。

種類　：

数量　：

単価　：

3．（輸入廃棄物の有・無）

甲が、乙に委託する産業廃棄物が輸入された廃棄物である場合は、その旨を記載する。

（注：下記の①②のいずれかを選択すること）

①　輸入廃棄物：無

②　輸入廃棄物：有

4．（処分の場所、方法及び処理能力）

乙は、甲から委託された第２項の産業廃

事業場の名称　：

所在地　：

処分の方法　：

施設の処理能力　：

5．（最終処分の場所、方法及び処理能力）

甲から、乙に委託された産業廃棄物の最終処分（予定）を次のとおりとする。

最終処分先の番号	事業場の名称	所在地	処分方法	施設の処理能力

5-6 標準的な契約書式の例②
東京都ひな形

●東京都ひな形

自治体が用意しているひな形の代表例として東京都のひな形を紹介します。前節で紹介した連合会ひな形（図5-5-1）に相当する部分が東京都ひな形では図5-6-1になります。最終処分に関する情報の記載欄には番号が振ってあり、その番号を中間処理の方法ごとに書き込むように設計されていて、廃棄物の一連の処理工程が簡単に把握できるように工夫されています。

自治体が作成したひな形ですので、廃棄物処理法の趣旨をより的確に実現できるように工夫がされています。特徴的な約款についていくつか例を挙げてみます。排出事業者向けの条文には、廃棄物データシートの使用（第2条第2項）、「排出事業者は委託する廃棄物の処分に支障を生じさせる恐れのある物質が混入しないようにしなければならない」（第10条第2項）などが明記され、法令以上の義務を排出事業者に求めています。

また、処理業者向けには「排出事業者は、処分業者に対し、予告なく処分施設における廃棄物の処分の状況を調査することができる」（第12条第2項）という条文が用意されています。この条文は排出事業者にとって委託先業者の監査が容易になることを意味し、処分業者に対する極めて効果的な牽制手段となります。結果として処分業者は、適正処理に向けた、より高度な管理が求められることになります。

このほかにも廃棄物情報に変更があった場合の伝達方法の記載が具体的に表示できるなど、いろいろな工夫があり、排出事業者にとっても有用性の高いひな形なのですが、残念なことに広がりが今ひとつ足りません。産業廃棄物の処理は広域移動を伴うことが一般的ですが、ひな形を用意しているほかの自治体は、自ら作成したものを使うよう働きかけを行うことが多く、結果として利用者が増加しない一因となっています。

図5-6-1　東京都ひな形別表1

別表１（第１条、第２条、第３条、第４条、第７条関係）

廃棄物の種類（廃棄物データシート番号）	契約単価（円）	予定数量（日・週・月・年）	乙の事業範囲			最終処分右欄の番号
			処分方法	処理能力又は埋立容量	施設の所在地	
（　　）	／（kg・l・m^3・t）	（kg・l・m^3・t）				
（　　）	／（kg・l・m^3・t）	（kg・l・m^3・t）				
（　　）	／（kg・l・m^3・t）	（kg・l・m^3・t）				
（　　）	／（kg・l・m^3・t）	（kg・l・m^3・t）				
（　　）	／（kg・l・m^3・t）	（kg・l・m^3・t）				
（　　）	／（kg・l・m^3・t）	（kg・l・m^3・t）				
（　　）	／（kg・l・m^3・t）	（kg・l・m^3・t）				
（　　）	／（kg・l・m^3・t）	（kg・l・m^3・t）				
（　　）	／（kg・l・m^3・t）	（kg・l・m^3・t）				
契約期間中の合計予定金額	円	契約期間は第８条記載のとおり				

備考
　委託する廃棄物に石綿含産業廃棄物（工作物の新築、改築又は除去に伴って生じた産業廃棄物であって、石綿をその重量の0.1%を超えて含有するもの。ただし、特別管理産業廃棄物である廃石綿等を除く。）が含まれる場合、その旨を該当する廃棄物の種類欄に記入する。
　なお、石綿含有産業廃棄物に該当するものは破砕することができない。

最終処分に関する情報
① 安定型埋立（許可品目　　） 所在地 （住所、施設名等） 方　法 （許可番号　　） 処理能力 （許可期限　　）
②管理型埋立（許可品目　　） 所在地 （住所、施設名等） 方　法 （許可番号　　） 処理能力 （許可期限　　）
③（安定・管理・遮断・再生・他　　） 所在地 （住所、施設名等） 方　法 （許可番号　　） 処理能力 （許可期限　　）
④（安定・管理・遮断・再生・他　　） 所在地 （住所、施設名等） 方　法 （許可番号　　） 処理能力 （許可期限　　）

最終処分と中間処理が紐づけられている

5-7 標準的な契約書式の例③

建設系ひな形

●建設系ひな形

建設六団体副産物対策協議会が作成しているひな形で、正式名称を「建設系廃棄物処理委託契約書」といいます。ビルやマンションなど比較的大型の建設現場で使用されることが多く、現場単位での契約を前提としています。電子データでの提供はなされておらず、紙媒体に印刷されたひな形を購入して、直接書き込んで契約書を作成する必要があります。ひな形は各地の産業廃棄物協会などで購入することができます。

建設現場に特化した処理委託契約書ですから、建設廃棄物以外の処理委託にはほとんど使われることはありませんが、中間処理後の廃棄物の処理工程に関する記載方法は、東京都ひな形よりもさらに明確に把握できるよう工夫されています。

図5-7-1　建設系ひな形の例

〔丙での中間処理後の最終処分（再生含む）場所（予定）〕

Ⅰ．丙での再生品目

処分先No.（許可番号等）	再生施設名称	再生施設所在地	処分方法	処理能力

再生品目						
売却先等						
再生品目						
売却先等						

Ⅱ．丙からの再生（委託）先

廃棄物の種類	処分先No.（許可番号等）	再生施設名称	再生施設所在地	処分方法	処理能力	備考（利用方法等）
石膏	9420050518	小名浜吉野石膏㈱	福島県いわき市常磐水野谷町亀ノ尾 85-2	粉砕	80t/日	
石膏	0220037241	日東石膏ボード㈱	青森県八戸市江陽三丁目 1-32	破砕	30t/日	原料

Ⅲ．丙からの最終処分（委託）先　　安：安定型埋立処分場、管：管理型埋立処分場、遮：遮断型埋立処分場

廃棄物の種類	処分先No.（許可番号等）	最終処分施設名称	最終処分施設所在地	処分方法	処理能力	備考
				安・管・遮		
				安・管・遮		
				安・管・遮		
				安・管・遮		
				安・管・遮		
				安・管・遮		
				安・管・遮		
				安・管・遮		
				安・管・遮		

Ⅳ．丙からの再中間処理（委託）先及びその後の最終処分（再生含む）場所

中間・最終の区分	廃棄物の種類	処分先No.（許可番号等）	施設名称	施設所在地	処分方法	処理能力	処理後の廃棄物
中・終							
中・終							
中・終							
中・終							
中・終							
中・終							
中・終							

図5-7-1はその核心部です。①中間処理が再生であるもの、中間処理後の廃棄物の処分方法が、②再生委託されるもの、③最終処分されるもの、④再中間処理を行うものに分けて記載できるようになっています。ほかのひな形でも参考になるものと思われます。

一方で、捺印欄についてはいわゆる3者契約の書式に間違いやすい形態をとっているため、こちらのほうはさらなる工夫が欲しいところです。また、契約期間が定まっており、約款にも契約期間の延長に関する文言がないため、契約期間内に工事が終了しなかった場合など、期間延長に関する変更契約を行わずに継続して処理委託をしてしまう可能性もあるので、契約書の高度な管理が必要になります。

図5-7-2　捺印欄

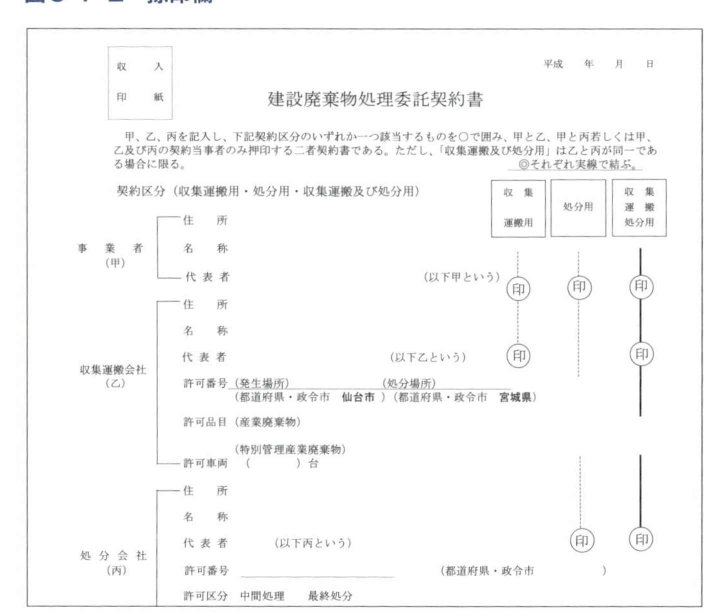

収入印紙

平成　年　月　日

建設廃棄物処理委託契約書

甲、乙、丙を記入し、下記契約区分のいずれか一つ該当するものを○で囲み、甲と乙、甲と丙若しくは甲、乙及び丙の契約当事者のみ押印する二者契約書である。ただし、「収集運搬及び処分用」は乙と丙が同一である場合に限る。
◎それぞれ実線で結ぶ。

契約区分（収集運搬用・処分用・収集運搬及び処分用）

収集運搬用　処分用　収集運搬処分用

事業者（甲）
住所
名称
代表者　（以下甲という）　印　印　印

収集運搬会社（乙）
住所
名称
代表者　（以下乙という）　印　印
許可番号（発生場所）　（処分場所）
（都道府県・政令市　仙台市）（都道府県・政令市　宮城県）
許可品目（産業廃棄物）
（特別管理産業廃棄物）
許可車両　（　　）台

処分会社（丙）
住所
名称
代表者　（以下丙という）　印　印
許可番号　（都道府県・政令市　　）
許可区分　中間処理　最終処分

図5-7-3　契約期間の記載欄

〔委託業務の内容〕

1．工事名

2．排出場所

3．委託期間　平成　年　月　日から　平成　年　月　日まで

4．積替・保管施設経由の有無　（有・無）

5-8 標準的な契約書式の例④
住団連ひな形

●住団連ひな形

一般社団法人住宅生産団体連合会（住団連）作成のひな形です。住団連のホームページからPDFデータを無料で入手することができます。電子データが欲しい場合は住団連の事務局に申し込むと、処理委託契約書のほかに建設工事請負契約、下請け基本契約をはじめとする、建設工事に関して必要となるいろいろな契約書のデータが入ったCDを購入することができます。

住団連ひな形の特徴は、5-4節で説明した③の基本契約類型を採用している点にあります。これは、住団連が住宅生産事業者の連合体であることが大きく影響しています。建設系廃棄物は前にも説明したように、大型の現場から発生する場合と、住宅のように個別散在型の発生形態を持つ場合に大別されます。大きなハウスメーカーになりますと、年間に全国で25,000棟もの住宅を建設することもあり、現場ごとに処理委託契約書を作成して管理することは不可能です。このため、会社単位であったり、支店単位であったりと、事業規模によって異なりますが、基本契約で共通する事項を定め、廃棄物の数量や単価などは指示書や注文書などの個別契約に記載し、別途締結する方法を採用しています。

この契約方法の場合の注意点は、基本契約と個別契約が揃って初めて処理委託契約書を構成（図5-8-1参照）する点にあります。しかし、指示書や注文書などの交付は、日常の建設工事に関する受発注業務の基本でもあり、業務形態に合致した合理的な手法であるといえます。

また、住団連ひな形は収集・運搬用と処分用が明確に区別されているだけではなく、さらに処分用は中間処理用と最終処分用の2種類が用意されています。これは、3者契約を避けるとともに、処分契約における法定記載要件の不備をなくすための有効な手段でもあります。

法定記載要件の記載漏れを防ぐ手段として、さらに住団連ひな形はふたつの工夫がなされています。ひとつ目は、約款部分と法定記載要件部分（別表記載）を明確に分けていること、ふたつ目は別表のチェックリストがあることです。これだけでも記載ミス、添付漏れはかなり減らすことができるようになります（図5-8-2参照）。

図 5-8-1　基本契約書と個別契約書の関係

第4条　甲は、廃棄物の処分を乙に委託しようとするときは、その都度、排出場所ごとに指示書・注文書を作成し、乙に交付する（甲が乙に対し電子情報により発注することを含む）。指示書・注文書には、委託する廃棄物の種類、数量、排出場所、工事名もしくは事業所名、収集運搬業者、積替保管施設、中間処分施設、中間処分後の最終処分施設、委託金額、支払時期等を記入する。

2　委託内容の詳細については、甲が別に運搬を委託した収集運搬業者（以下「丙」という）を通じて乙に交付する、産業廃棄物管理票 建設系廃棄物マニフェスト（【発行元】建設九団体副産物対策協議会、【取扱元】建設マニフェスト販売センター、以下「マニフェスト」という）、または電子マニフェスト（【情報処理センター】財団法人 日本産業廃棄物処理振興センター）によるものとする。

3　乙が、指示書・注文書を受領後、3日以内（祝祭日を除く）に異議を留めなかったときは、当該期間の経過をもって、個別契約が成立したものとみなす。

4　乙が前項の期間内に異議を申し出たときは、甲乙協議のうえ、当該個別契約の

個別契約に付いては指示書・契約書による

図 5-8-2　チェックリストと法定記載要件記載欄

建設廃棄物中間処分委託基本契約書（2号様式）
添付書類綴り

契約書No.

乙の事業範囲：処分業の許可等（一覧1項、約款第5条関係）
- □ 別表① 中間処分施設 許可内容一覧
  中間処分業者（乙）の中間処分施設許可内容について記載します。
- □ 乙の処分業許可証
  中間処分業者（乙）の処分業許可証を添付します。

収集運搬業者（一覧4項、約款第7条関係）
- □ 別表② 収集運搬業者一覧
  中間処分業者（乙）の施設に搬入する収集運搬業者の収集運搬業許可内容（廃棄物の積込み場所、荷降し場所）を記載します。

積替保管施設（一覧4項、約款第7条関係）
- □ 別表③ 積替保管施設 許可内容一覧
  中間処分業者（乙）の施設に搬入される前に経由する積替保管施設許可内容を記載します。（排出事業者と収集運搬業者との契約において、積替保管を可とする場合記載。）

最終処分施設（一覧5項、約款第8条関係）
- □ 別表④－1 最終処分（埋立処分）施設 許可内容一覧
  中間処分業者（乙）による中間処分後の廃棄物の最終処分（埋立処分）先を記載します。
- □ 最終処分（埋立処分）業者　処分業許可証
  最終処分（埋立処分）業者の処分業許可証を添付します。
- □ 別表④－2 最終処分（再生等）施設 許可内容一覧
  中間処分業者（乙）による中間処分後の廃棄物の最終処分（再生等）先を記載します。
- □ 最終処分（再生等）業者　処分業等許可証
  最終処分（再生等）業者の処分業等許可証を添付します。

廃棄物の数量、処分に係る契約単価等（一覧6項、約款第9条、第10条関係）
- □ 別表⑤ 契約単価等
  廃棄物の予定数量、中間処分料金、適正処理に必要な情報を記載します。

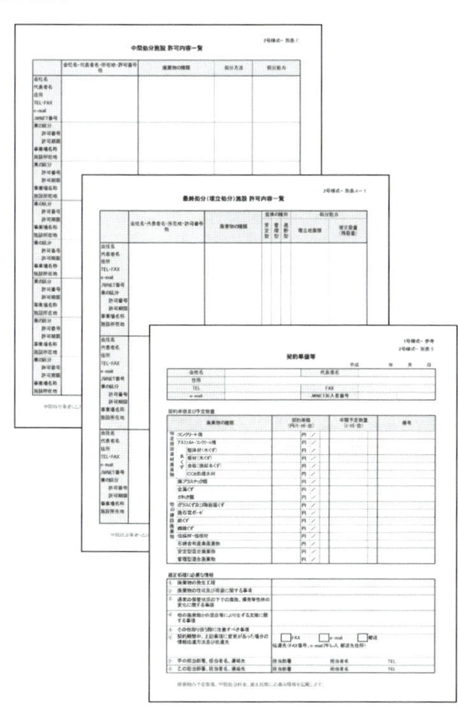

中間処分施設 許可内容一覧

最終処分（埋立処分）施設 許可内容一覧

契約単価等

5-9 産業廃棄物管理票「マニフェスト」

●産業廃棄物処理に不可欠なマニフェスト

締結した処理委託契約書に基づいて産業廃棄物を処理業者に引き渡す際には、排出事業者は産業廃棄物管理票（一般的にマニフェストと呼ばれています）を同時に交付する必要があります。ちなみに、マニフェスト（Manifest）とは英語で、船舶などの「積荷目録」のことを指す言葉です。このほかにも「証明する」とか「明らかな」といった意味を持っています。蛇足ながら、かつて選挙で使われたマニフェストの語源はイタリア語で「Manifesto」と書きます。こちらは政権公約を意味する言葉です。

マニフェストにはふたつの役割が与えられています。ひとつは物流管理票として運搬が確実に行われたことを証する役割です。もうひとつの役割は処分証明です。このふたつの役割をひとつの伝票に持たせることで、廃棄物の適正処理をサポートするしくみの一端を担わせることにしたものです。マニフェストの交付は排出事業者に課せられた法律上の義務で、排出事業者は廃棄物を業者に引き渡す際に、同時にマニフェストを交付する必要があります。マニフェストには使用の状況に応じたいくつかの書式が用意されています。

一般廃棄物の処理にはマニフェストの交付が義務付けられていませんが、市町村によっては一定量を超える廃棄物の処理の際にマニフェストの使用を義務付ける条例を制定しています。

●マニフェストの法定書式

実際の現場で使われることはありませんが、マニフェストは法定書式が定められています（図5-9-1）。この書式に準じ、排出の状況に応じて作成されたマニフェスト（全国産業資源循環連合会書式、建設マニフェスト販売センター書式など）で運用されることが一般的です。

誰もが読めるよう数字や文字の大きさに基準があること、余白には線を引くことなどの注意書きが目を引きます。

図5-9-1　法定書式のマニフェスト

廃　棄　物　管　理　票

交付年月日	平成　年　月　日　交付番号	交付担当者	氏名		
事　業　者	氏名又は名称 住所　〒 電話番号	事　業　場	名称 住所　〒 電話番号		
産業廃棄物	種類		数量	荷姿	
中間処理産業廃棄物					
最終処分の場所	所在地				
運搬受託者（Ⅰ）	氏名又は名称 住所　〒 電話番号	運搬先の事業場	名称 住所　〒 電話番号		
運搬受託者（Ⅱ）	氏名又は名称 住所　〒 電話番号	運搬先の事業場	名称 住所　〒 電話番号		
運搬受託者（Ⅲ）	氏名又は名称 住所　〒 電話番号	運搬先の事業場	名称 住所　〒 電話番号		
処分受託者	氏名又は名称 住所　〒 電話番号	積替え又は保管	所在地　〒 電話番号		
運搬担当者（Ⅰ）	氏名　受領印	運搬終了年月日	平成　年　月　日	有価物収拾量	
運搬担当者（Ⅱ）	氏名　受領印	運搬終了年月日	平成　年　月　日	有価物収拾量	
運搬担当者（Ⅲ）	氏名　受領印	運搬終了年月日	平成　年　月　日	有価物収拾量	
処分担当者	氏名　受領印	処分終了年月日	平成　年　月　日	最終処分終了年月日	平成　年　月　日
最終処分を行った場所	所在地				

（記載上の注意）

1　日本工業規格Ｚ8305に規定する8ポイント以上の大きさの文字及び数字を用いること。
2　余白には斜線を引くこと。
3　「数量」及び「有価物収拾量」の欄は、重量又は体積を単位とともに記載すること。
4　「荷姿」の欄は、バラ、ドラム缶、ポリ容器等、具体的な荷姿を記載すること。

5-10 いろいろなマニフェスト書式

ここでは、実際の現場で使用されているマニフェストの代表的な2書式と電子マニフェストについて説明します。

●全国産業資源循環連合会書式

建設系以外の産業で一般的に使用されているマニフェストで、廃棄物処理業者で構成される公益社団法人全国産業資源循環連合会が作成、発行しています。8枚の複写式で直行用と積替え用の2種類が用意されています（図5-10-1）。積替え用は遠隔地の処分場に運搬する場合に、中継地（積替保管場所）を経由するときに使用します。運搬区間がいくつかに分けられるため、区間委託用伝票と呼ぶ人もいます。いずれの書式にも、法定書式の記載事項に加え、産業廃棄物の名称を記載する欄、照合確認欄、備考・確認欄が追加されています。

図 5-10-1　全国産業廃棄物連合会書式のマニフェスト

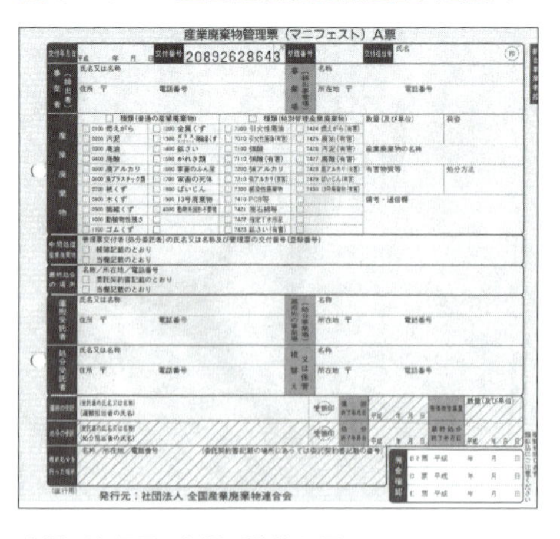

産業廃棄物管理票（マニフェスト）A票

交付番号 20892628643

発行元：社団法人 全国産業廃棄物連合会

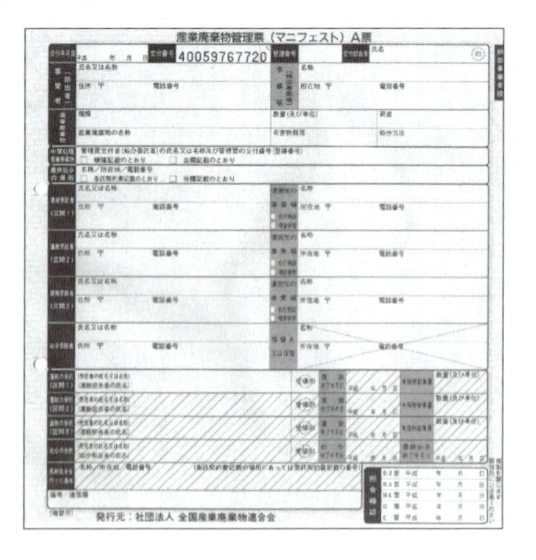

産業廃棄物管理票（マニフェスト）A票

交付番号 40059767720

発行元：社団法人 全国産業廃棄物連合会

左側が直行用、右側が積替え用

●建設マニフェスト販売センター書式

建設系専用のマニフェストとして作成された伝票です。建設六団体副産物対策協議会が作成、発行し、建設マニフェスト販売センターが取扱っています。建設六団体とは社団法人住宅生産団体連合会や社団法人日本建設業連合会など建設系団体の連合組織で、排出事業者で構成される団体です。全国産業廃棄物連合会版は処理業者主導、建設マニフェストは排出事業者主導で作られたマニフェストであるともいえます。

全国産業廃棄物連合会版と異なるところは、書式が1種類であること、廃棄物の名称欄がないこと、追加記載事項欄（備考・確認欄ではないことに注意）が大きいこと、そして廃棄物の種類に「混合廃棄物」という項目があることです。建設マニフェストでは、積替保管場所がふたつ以上あるなど規定の記入欄だけでは表現しきれない場合に、追加記載事項欄を使って表現します。また、建設現場では、解体工事の下ごみなど、数種類の廃棄物が混合状態で発生することが多いため「混合廃棄物」を設けています。

建設マニフェストの書式は図5-10-2のとおりです。

図5-10-2　建設マニフェスト販売センター書式のマニフェスト

産業廃棄物管理票　建設系廃棄物マニフェスト（A）　整理番号

交付年月日　年　月　日　｜　交付番号 05210796651　｜　交付担当者 所属 氏名　｜　事前協議 番号／年月日等

排出事業者：事業者 住所 〒 氏名又は名称 電話番号　｜　事業場（作業所） 所在地 〒 名称 電話番号

照合・確認日：検印又はサイン（B1票） 年 月 日　｜　検印又はサイン（B2票） 年 月 日　｜　検印又はサイン（D票） 年 月 日　｜　検印又はサイン（E票） 年 月 日

産業廃棄物の種類（単位：t、Kg、㎥、ℓ）

安定型品目	数量	安定型品目	数量	管理型品目	数量	管理型品目	数量	特別管理産廃	数量
01コンクリートがら		07混合（安定型のみ）		11建設汚泥		17石綿含有産業廃棄物		21廃石綿等	
02アスコンがら		08石綿含有産業廃棄物		12紙くず					
03その他がれき類				13木くず					
04ガラス・陶磁器くず				14繊維くず					
05廃プラスチック類				15廃石膏ボード		総重量又は総容量			
06金属くず				16混合（管理型含む）					

形状	荷姿
1固形状	1バラ
2泥状	2コンテナ
3液状	3ドラム缶
	4袋

中間処理産業廃棄物：管理票交付者（処分委託者）の氏名又は名称及び管理票の交付番号（登録番号）　1 帳簿記載のとおり　2 当欄記載のとおり

最終処分（埋立処分、再生等）の場所（予定）所在地／名称　1 委託契約書記載のとおり　2 当欄記載のとおり

運搬受託者（収集運搬業者）(1)：住所 〒 氏名又は名称 電話番号　積替え・保管 1. 有 2. 無　収集運搬車両番号　車種

運搬受託者（収集運搬業者）(2)：住所 〒 氏名又は名称 電話番号　積替え・保管 1. 有 2. 無　収集運搬車両番号　車種

運搬先の事業場（処分業者の処理施設）：所在地 〒 名称 電話番号

処分方法：中間処理 1. 脱水 2. 焼却 3. 破砕 4. 5. 6.　最終処分 1. 安定型 2. 管理型 3. 遮断型 7. 8.

処分受託者（処分業者）：住所 〒 氏名又は名称 電話番号

積替え又は保管：所在地 〒 電話番号　有価物拾集 1. 有・2. 無

追加記載事項

運搬の受託(1)：会社名及び運搬担当者名（サイン又は受領印）　年　月　日

年　月　日

確認者（サイン又は押印）

発行元：建設九団体副産物対策協議会　取扱元：建設マニフェスト販売センター

部分は記入不要の項目です

●電子マニフェスト

電子マニフェストは、公益財団法人日本産業廃棄物処理振興センターが国の指定を受けて管理・運用しているマニフェスト制度です。通常は「JWネット」と呼ばれており、利用するためにはJWネットへの加入が必要です。電子マニフェストの流れの概要は図5-10-3のとおりです。この図からわかるように、JWネットの電子システムを利用する以外は基本的に紙マニフェストと同じ流れで運用されています。また、JWネットを利用する方法には表5-10-1に示す3種類があります。

図 5-10-3　電子マニフェストの流れ

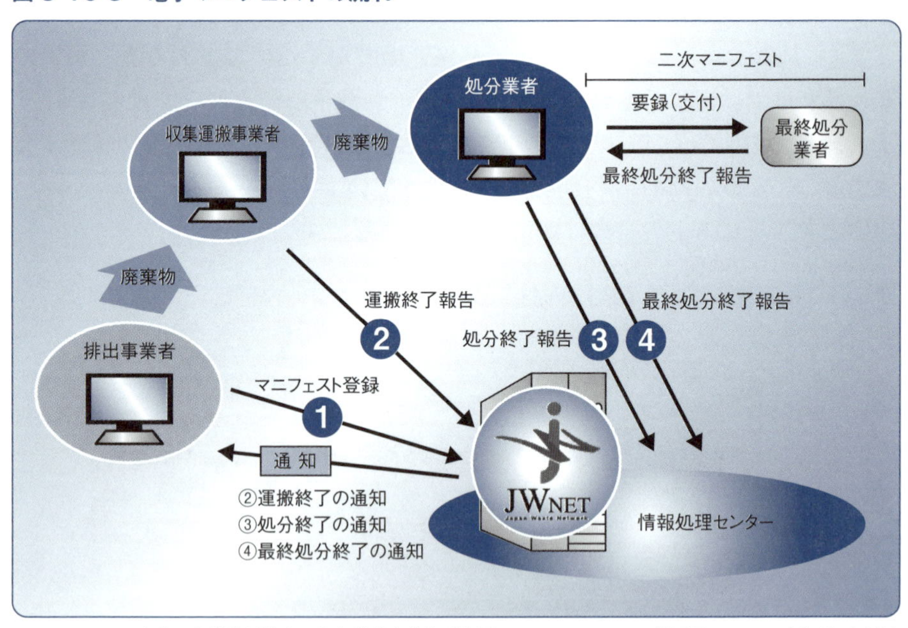

出典：公益財団法人日本産業廃棄物処理振興センターホームページ「電子マニフェストをはじめよう」

JWネットでは、電子マニフェストの優位性について、①事務の効率化、②法令遵守のしやすさ、③データの透明性、④交付等状況報告書の提出義務の免除の4点を挙げています。特に事務の効率化については、年間で3,000時間もの作業時間の軽減が図れたとのアンケート結果（JWネットホームページ内リーフレット参照）もあるようです。

表5-10-1 JWネットの利用方法

① JW ネットで直接情報の入力等を行う	JW ネットが用意する画面からマニフェストの交付に必要な情報を直接入力する方法です。開発当初に比べ飛躍的に利用しやすくなりましたので、最近はこちらの方法を選択する排出事業者が増えてきています。 ただし、提供されるサービスは汎用のものなので、かゆい所に手が届く、というところまではなかなか難しいようです。
②事業者自らシステムを開発してJW ネットと接続する	EDI 接続と呼ばれる方法です。事業者の事業形態に合わせたシステム設計が可能で、システム開発能力のある事業者にとってはメリットのある方法です。 一部の廃棄物処理業者では自らEDI 接続システムを開発して、顧客である排出事業者に提供しています。サービスの一環としてだけでなく、顧客囲い込み効果も見込めるため、徐々に増える傾向にありますが、提供されるサービスの質についてはJW ネットが保証するわけではありませんので、利用するか否かは排出事業者がよく見極める必要があります。
③既にある商用 ASP 事業者のサービスを利用する	電子マニフェストを商用提供しているASP（アプリケーションサービスプロバイダー）のサービスを利用する方法です。複数の企業がサービスを提供しており、競争も激しいため一定レベル以上のサービスの提供を受けることが可能です。医療系に特化したシステムや建設系に特化したシステムなどを構築している企業もあり、それぞれ特徴のあるサービスを提供しています。 ただし、JW ネットの機能が強化され、利便性が高まるにつれてそれらの優位性は薄らぐ傾向にあります。

電子マニフェストの利用料金は、排出事業者には大口需要者向け（A料金）、小口需要者向け（B料金）、少量排出事業者団体向け（C料金）の3種類、2次処理のある処分業者（中間処理業者）には大口需要者向け（A料金）、小口需要者向け（B料金）の2種類が用意されています。なお、収集・運搬業者および2次処理のない処分業者は基本料金のみで利用可能です。

表 5-10-2 電子マニフェストの利用料金

料金区分 （ ）内の金額は税込	A 料金	B 料金	少量排出事業者団体加入料金（C 料金）
加入料	廃止	廃止	廃止
基本料（年額）	24,000円（25,920円）	1,800円（1,944円）	
使用料 （登録情報1件につき）	10円（10.8円）	91件から 20円（21.6円）	20円（21.6円）
メリットがある年間登録件数	2,401件以上	2,400件以下	ー

出典：公益財団法人日本産業廃棄物処理振興センターホームページ

5-11 マニフェストの運用

●マニフェストの運用フローと運用基準

マニフェストの具体的な運用は図5-11-1のとおりです。またマニフェストには原則として次の運用基準があります。

①排出事業者が交付する
②廃棄物種類ごとに交付する
③運搬先の事業場ごとに交付する
④廃棄物の引き渡しと同時に交付する
⑤処理委託契約書とマニフェストの記載内容に相違がないこと
⑥使用したマニフェストは写しを5年間保存する

①〜④の項目は交付に関する規定、⑤は記載内容に関するポイントです。処理委託契約書の内容と異なる記載をした場合は虚偽記載に該当し、記載に関する法定要件が網羅されていない場合は不交付とされます。

いずれの場合も罰則規定に抵触する行為ですので、マニフェストの作成と交付は、排出事業者にとって手を抜くことのできない業務のひとつであるといえます。廃棄物処理の現場では、契約書作成と同様に処理業者によるマニフェストの印字サービスを受けている排出事業者も多いのですが、不適切な内容のまま運用されているケースも多く見受けられます。マニフェスト交付時の記載内容の確認は、必ず行うようにしたほうがよいでしょう。

⑥の写しの保存については、2010年の法改正で交付時の控え（A票）も5年保存することになりましたので注意が必要です。

また、紙マニフェストは、「A票＝排出事業者用控え」、「B票＝収集運搬用（B1、B2）」、「C票＝処分用（C1、C2）」、「D票＝処分完了報告用」、「E票＝最終処分確認用」の7枚で構成されています（建設マニフェストの場合）。

図5-11-1　マニフェストの運用フロー

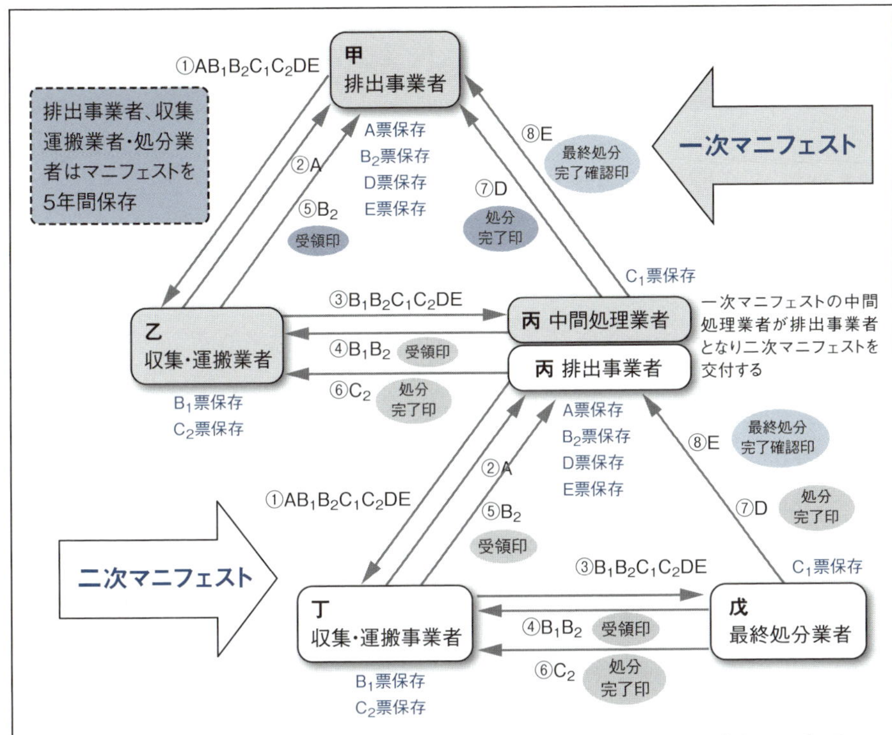

①排出事業者はマニフェストに必要事項を書き込み、廃棄物の引き渡しと同時に排出事業者に交付する。

②収集・運搬業者は廃棄物を受け取るとともにマニフェストを受け取り、運転手名などの必要事項を書き込み、控えを排出事業者に渡す。

③収集・運搬業者は廃棄物とマニフェストを、マニフェストで指定された処分場まで運搬する。

④処分業者は収集・運搬業者から廃棄物とマニフェストを受け取り、受領印を押して写しを収集・運搬業者に返却する。受け取った廃棄物はマニフェストで指定された方法で処分する。

⑤収集・運搬業者は、処分業者から受け取ったマニフェストの写しのうち1枚を排出事業者に回付する。

⑥処分業者は廃棄物の処分終了後、収集・運搬業者に処分終了印のあるマニフェスト写しを回付する。

⑦処分業者は⑥と同様に内容のマニフェスト写しを排出事業者に回付する。

⑧処分業者は中間処理後廃棄物の処理を①～⑦のプロセスを経て行い、最終処分完了印のあるマニフェストを受け取ったのちに、最終処分完了印のあるマニフェスト写しを排出事業者に回付する。

出典：村上泰司著「よくわかり+すぐできる　建設リサイクル法」より引用

5-12 マニフェストの記入方法

●建設系マニフェストの記入方法

次に、紙のマニフェストの記入方法と確認の仕方を2例紹介します。

初めの例は建設系マニフェストです。図5-12-1の黒の印字部分は交付に先立って印刷（記入）しておくほうがよい項目です。処理委託契約書の委託内容と合致していなければならず、誤記や記載漏れをなくすためには、事務所内で契約書を確認しながら記入することが望ましいためです。ITの力を借りてシステム化しておくことができれば、なお安心です。

「マニフェスト交付時に記入」の文字部分は引き渡しを行う廃棄物の保管場所で交付の際に交付担当者が記入します。事務所と保管場所が近ければ、この部分も事務所内で記入することが可能ですが、建設系マニフェストの場合は、事務所と廃棄物保管場所が離れている場合も多いので、保管場所（施工現場）での記入が一般的です。ただし、回収ドライバーの名前、所属企業名、車種は排出事業者ではなく、ドライバーが記入する項目です。

「追加記載事項欄」※は、収集・運搬の委託区間が3以上ある場合など、通常の記載欄では記入しきれないときに使用する欄です。

「照合・確認」欄は、手許にあるA票と、戻ってきたB・D・E票を付け合せ、内容確認するための排出事業者用管理欄です。照合・確認が完了したマニフェストはA ～ E票までをひとまとめにして、管理がしやすいように保存します。なお、「照合・確認」欄は法定要件ではありません。

※かつてこの欄は「備考欄」と表示されていました。2005年にアスベストの健康被害が大きな社会問題になったことを受け、石綿含有産業廃棄物の中間処理（破砕）が禁じられました。これにより、遠方の最終処分場まで運搬するケースが予測され、3以上の収集運搬業者を表記する必要性が生じたため、法定要件を表示できるように2006年に書式の改定が行われ、同時に名称も変更されるに至りました。

図5-12-1　建設系マニフェストの記入例

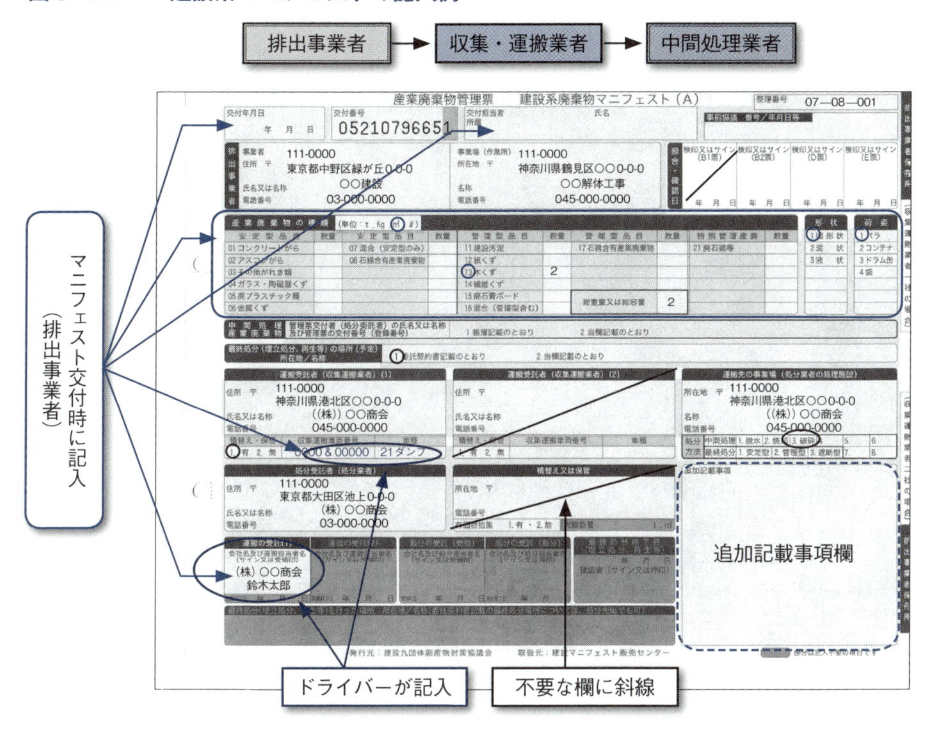

●連合会書式の記入方法

2番目の記入例は連合会書式の直行用です。連合会は積替え用の書式を持っているので建設系マニフェストとは異なり石綿含有産業廃棄物絡みの書式変更は行っていません。記入方法は建設系マニフェストとほぼ同じですが、廃棄物の種類にチェックを入れるだけでなく、廃棄物名称の記入欄、有害物質記入欄があることと、逆に建設系マニフェストにある「混合廃棄物」の名称が使用されていない点が異なります。また、建設系マニフェストは7枚つづりですが、連合会マニフェストは8枚つづりになっています。

連合会書式のマニフェストにも「照合・確認」欄がありますが、建設系マニフェストと書式が若干異なっています。照合・確認の方法、確認後の保存方法等は建設系マニフェストと同様です。

なお、マニフェストの保存期間はA票は引き渡しの日から、その他は送付を受けた日からそれぞれ5年と定められています。

図5-11-2　連合会書式の記入例

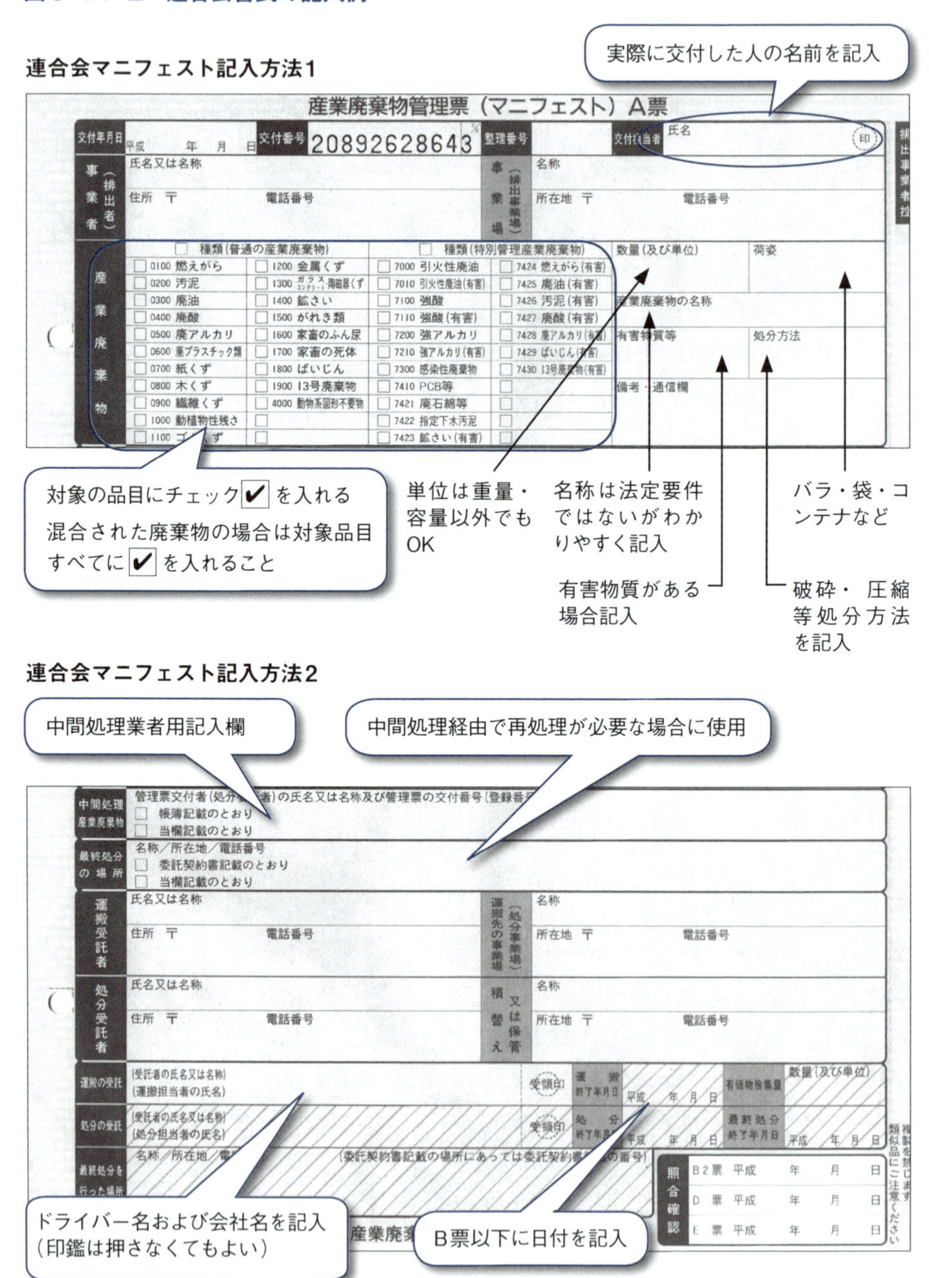

第6章

不法投棄と罰則規定

廃棄物処理法の罰則はとても重いことで有名ですが、
罰則の類型の多さにも特徴があります。意外と知られていない罰則も多く、
知らないで法律に抵触してしまうケースもよくあります。
この章では不法投棄の状況および事例の紹介と罰則の解説に加えて、
排出事業者に課せられる報告義務についても併せて解説することとします。

6-1 不法投棄の現状

●環境省調査からみた原状

図6-1-1は2013年12月に環境省から発表された不法投棄件数と不法投棄量の推移を表すグラフです。ピークだった平成10年度（1998年度）の1,197件に比べると、直近の2012年度（平成24年度）は発生件数が約85％減の187件まで減少しています。量も同様に約10の1にまで減少していることがわかります（平成15年度を除く）。

図6-1-1　不法投棄件数および投棄量の推移

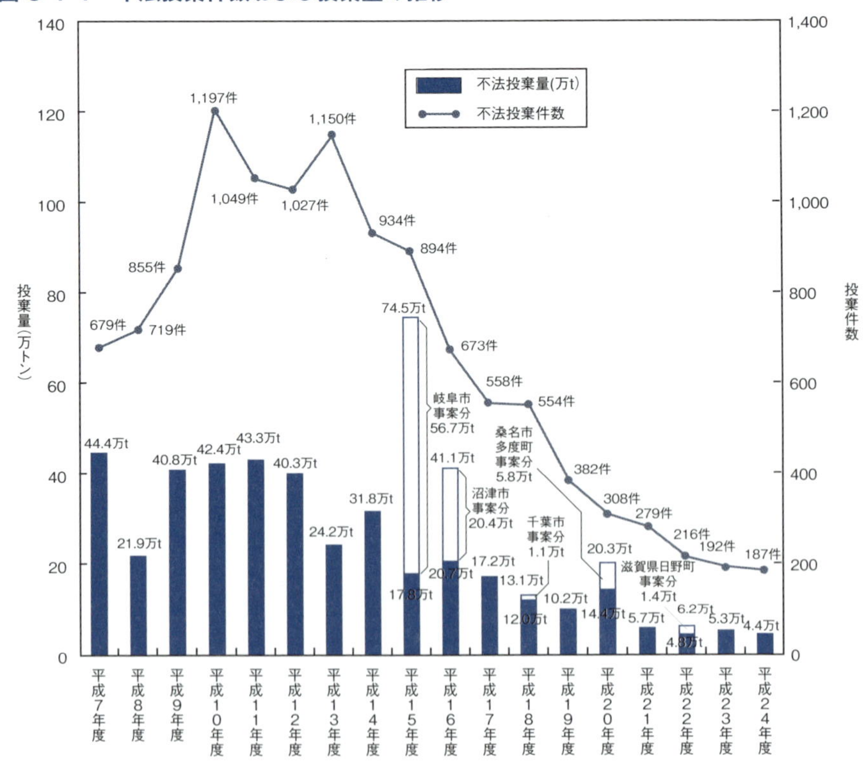

出典：環境省「産業廃棄物の不法投棄等の状況（平成24年度）について」

図6-1-2は過去からの蓄積として、集計時点での不法投棄の残存件数と残存量を表したグラフです。それぞれ2,567件、約1,780万トンもあり、未だに多くの不法投棄が解決されないままとなっています。同図の「②残存量」の内訳をさらに見てみると、許可業者が原因者であるものが約55％を占め、無許可の業者と併せると80％を超えていることがわかります。

図6-1-2　不法投棄残存件数と残存量

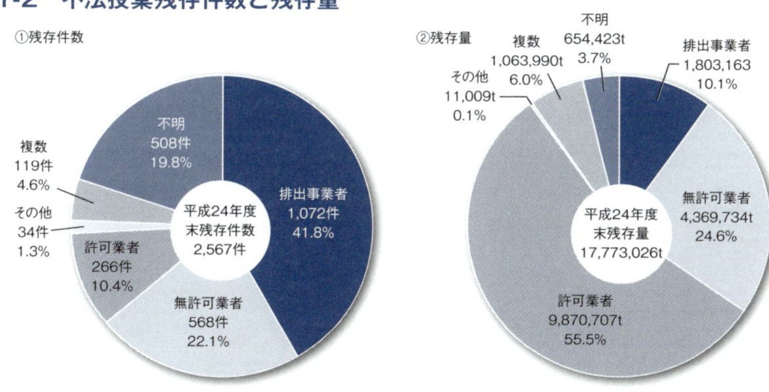

出典：環境省「産業廃棄物の不法投棄等の状況（平成24年度）について」

他方、現時点での不法投棄件数と投棄量を表したものが次の図6-1-3です。この図によれば、原因者の半数以上は排出事業者であるとされており、許可業者の関与が大幅に減少したことがわかります。しかし、年によって大幅な変動があり、この傾向が定着するかどうかは推移を見る必要があります。

図6-1-3　平成24年度の不法投棄発生件数と発生量

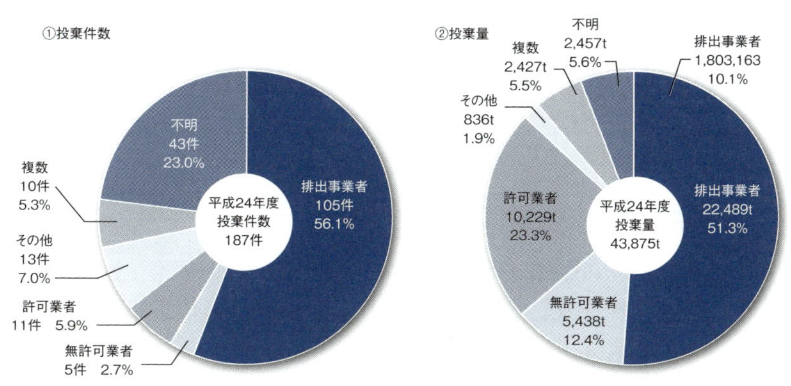

出典：環境省「産業廃棄物の不法投棄等の状況（平成24年度）について」

6-2 日本の大規模な不法投棄事案

●香川県豊島不法投棄事案

1990年に摘発された事件で、発端は1980年頃にさかのぼるといわれています。豊島処分地では、自動車由来のシュレッダーダストを主体に汚泥や廃油などの廃棄物が不法投棄され、廃棄物とそれによって汚染された土壌とを合わせると、2014年3月末現在約64万立方メートル（約92万トン）と推計されています。シュレッダーダストはガラスくずやゴムくず、樹脂類などの混合物ですが、鉛、ヒ素などの有害物質も含まれていることが確認されており、これらの有害物質や廃油に起因するVOCsなどが問題視されました。

隣の直島に処理施設が設けられ、2014年現在も廃棄物の処理が行われているほか、不法投棄された豊島処分地には排水処理施設が設けられ、地下水の浄化が進められています。

次に説明する「青森・岩手県境不法投棄事案」とともに、大規模な不法投棄問題の対策について早期解決を行うために「特定産業廃棄物に起因する支障の除去等に関する特別措置法（産廃特措法）」が制定されるきっかけとなった事件です。

図 6-2-1　摘発直後の豊島処分地

出典：香川県 HPより

●岩手・青森県境不法投棄事案

約100万立方メートルにも及ぶ国内最大級の不法投棄事案として知られるこの事件は、行政と警察の協力により1999年に発覚しました。その後の調査ではRDFを中心に、廃油や燃え殻そして有毒化学物質（特別管理産業廃棄物）に至る多種多様な廃棄物が不法投棄されたことが判明しました。2001年に下された判決では、法人の代表者に懲役刑（執行猶予付き）および罰金1,000万円、法人に対して罰金2,000万円が申し渡されています。

この事件は、排出事業者責任の追及に力点が置かれたことにも特徴があります。特定された排出事業者の数は12,000を超えており、現時点でそのうちの25社に措置命令、6社に納付命令（撤去費用）が発出されています（両県合計）。さらに自主撤去または費用拠出に応じた事業者は両県合計で84社に及んでいます。2014年4月に両県とも廃棄物の撤去が完了したと発表していますが、汚染土壌の浄化作業はまだ継続して行われています。

図 6-2-2　県境不法投棄現場全景

出典：青森県 HP より

●岐阜県椿洞不法投棄事案

2004年に発覚したこの事案は主に建設廃棄物が不法投棄されたもので、その総量は約75万立方メートルに及ぶとされています。岩手・青森事案に比較すると数は少ないものの、約1,700社の排出事業者が特定されています。

自主撤去または費用拠出に応じた事業者は約350社にのぼり、応じなかった2社に措置命令が発出されました。また、行政代執行に関連して排出事業者8社に代執行費用の納付命令が発出されています。

現在では廃棄物の撤去が終了し、2013年には完了報告が環境省に提出されています（以上、岐阜市ＨＰに基づき作成）。

●撤去費用について

これらの不法投棄事案に関する支障の除去に要する（要した）費用は、豊島事案が約520億円、岩手・青森県境事案が約708億円、岐阜県椿洞事案が約99億円と、いずれも膨大な金額が投じられています。

図 6-2-3　注水消火作業を行っている様子

写真提供：岐阜市

6-3 廃棄物処理法の罰則規定

●廃棄物処理法の罰則の特徴

廃棄物処理法第16条には「何人たりともみだりに廃棄物を捨ててはならない」と記されています。「何人」とは、国内にいるすべての人を指します。個人・法人を問わないのはもちろん、国籍、性別、年齢も問いません。旅行者ももちろん対象となります。すなわち、「国内にいるすべての人は不法投棄をしてはいけない」と定められているのです。この条文に対する罰則は「5年以下の懲役または1,000円以下の罰金もしくはその併科」と定められています。

このように、廃棄物処理法は罰則そのものが重いことに特徴のひとつがありますが、さらに次に例示するように、適用される犯罪類型が豊富であることもその特徴に挙げられており、まさに環境犯罪を網羅している感があります。

表 6-3-1　廃棄物処理法の罰則規定の特徴

罰則規定	特徴
両罰規定	一般に行政法に関する罰則は、原則として個人が行う故意の犯罪（故意犯）に適用されるが、廃棄物処理法では個人犯罪のみならず法人を罰する両罰規定も用意されている
法人重課	法人重課とは、両罰規定において個人の罰則より法人に対する罰則をより重くすること
行政刑罰	未遂罪や予備罪を含む行政刑罰が用意されている
秩序罰	行政刑罰に加え、「過料」という秩序罰まで用意されている
目的犯に対する罰則	目的犯に対する罰則も用意されている

さて、一般に廃棄物処理法の罰則の解説は、「委託基準違反」のように条文に沿ってなされることが多いのですが、本節ではよりわかりやすくするために、罰則の適用対象ごとにまとめ直して解説を進めていくことにします。

●共通の罰則

まず排出事業者、処理業者双方に影響のある罰則を共通の罰則としてまとめてみました。不法投棄および不法焼却はもちろん、その未遂罪でも同じ重さの刑罰が用意されていることがわかります。1970年に廃棄物処理法が成立した時点での不法投棄の罰則が罰金5万円であったことを考えると隔世の感があります。

表6-3-2にある「生活環境保全上の支障の除去」とは、不法投棄された廃棄物の撤去（原状回復）を行う、もしくは封じ込めなどにより生活環境への悪影響（支障）を除去することをいいます。また、ここでいう「措置命令」とは行政が対象者へ「支障の除去」を命ずることを指し、不法投棄の実行者だけでなく、委託元の排出事業者にも発出される場合もあります。発出された「措置命令」に従わなかった場合には、この罰則規定が適用されることになります。不法投棄に対する罰則と同等である点も注目する必要があります。

表 6-3-2　排出事業者、処理業者双方への罰則規定

罰則	内容
5年以下の懲役もしくは1,000万円以下の罰金またはその併科	生活環境保全上の支障の除去等の措置命令に違反した者（措置命令違反） 廃棄物をみだりに捨てた者（不法投棄） 廃棄物を捨てようとした者（不法投棄未遂） 廃棄物を勝手に焼却した者（野焼き） 廃棄物を勝手に焼却しようとした者（野焼き未遂）
3年以下の懲役もしくは300万円以下の罰金またはその併科	改善命令に違反した事業者（改善命令違反） 不法投棄や不法焼却目的で廃棄物の収集または運搬した者 無許可輸入および輸入条件違反
2年以下の懲役もしくは200万円以下の罰金またはその併科	廃棄物の無確認輸出を行う目的で、その予備をしたとき
1年以下の懲役または100万円以下の罰金	管理票の写しを5年間保存しなかった者（管理票保存義務違反） 管理票送付義務違反、記載義務違反、虚偽記載 管理票措置命令 違反勧告に関する措置命令違反
30万円以下の罰金	求められた報告をせずまたは虚偽の報告をすること（報告拒否・虚偽報告） 職員の立ち入り検査に対して拒否・妨害・忌避した者（立ち入り検査拒否）

●処理業者への罰則

表6-3-3の罰則規定は主に処理業者に対する規定です。表を見るとわかるように、許可を受けずに業を営む、許可の内容と異なる事業を行うなど、法律や排出事業者との間で締結された契約書に従わずに行う行為に対して、罰則が設けられています。

また、帳簿の備え付けや維持管理記録など、事務的手続きに関しても罰則規定が設けられており、日常の作業をおろそかにすることが法律に抵触するきっかけとなる可能性もある点についても注意が必要です。

表 6-3-3　処理業者への罰則規定

罰則	内容
5年以下の懲役もしくは1000万円以下の罰金またはその併科	許可なく処理を受託すること（受託禁止違反） 許可なく事業範囲を変更すること不正な手段で変更許可を得ること 事業停止命令違反 名義貸しをした者施設の無 許可設置および無許可変更 施設設置許可の不正取得および不正変更 無許可で廃棄物を輸出した者
3年以下の懲役もしくは300万円以下の罰金またはその併科	排出事業者の承諾を受けずに再委託を行った場合（再委託基準違反）
1年以下の懲役または100万円以下の罰金	管理票の交付を受けず廃棄物の引き渡しを受けた収集運搬および処分業者（管理票未交付引き受け） 処理困難通知義務違反および虚偽通知 処理困難通知保存義務違反
30万円以下の罰金	帳簿備え付け義務違反、記載義務違反、保存義務違反 維持管理事項記録違反等 技術管理者設置義務違反

●排出事業者への罰則

表6-3-4は主に排出事業者に対して適用される罰則です。特に注目するべきポイントは「委託基準違反②」と記してある部分です。「契約を締結せずに廃棄物の処理を委託した者」を条文に沿ってもう少し詳しく見ていくと、「第○○条の規定に反して一般廃棄物または産業廃棄物の処理を他人に委託した者(第26条第1号)」とのみ記されていて、「受託をした者」については訴求されていないことがわかります。このことは、処理委託契約書の締結は排出事業者にのみ課せられている義務であることを意味することにほかなりません。

したがってこの規定による罰則は、契約を締結しなかったり、不備のある契約書で処理の委託を行ったりした排出事業者のみに課せられ、処理業者はその適用対象外であるということなのです。

多くの排出事業者は、処理業者が作成した契約書に基づいて契約を締結し、廃棄物の処理委託を行っていますが、その契約書に不備があった場合でも、罰則の適用対象は排出事業者です。処理委託契約書の作成と締結は排出事業者の責任の下で行わなければならない理由がここにあります。

表 6-3-4　排出事業者への罰則規定

罰則	内容
5年以下の懲役もしくは1000万円以下の罰金またはその併科	許可のない業者へ処理を委託すること(委託基準違反①)
3年以下の懲役もしくは300万円以下の罰金またはその併科	契約書を締結せずに廃棄物の処理を委託した者(委託基準違反②) 不備のある契約書で処理を委託した者(委託基準違反②) 委託基準に反して委託をした場合(委託基準違反②)
1年以下の懲役または100万円以下の罰金	産業廃棄物管理票を交付しないで処理を委託した事業者(管理票不交付③) 虚偽記載された管理票を交付した事業者(管理票虚偽記載)
30万円以下の罰金	事業者が廃棄物管理責任者を置かないこと(処理責任者設置義務違反)

6-4 両罰規定と秩序罰

●両罰規定

個人に加えて法人も罰することを「両罰規定」と呼びます。法人対象の罰則ですので、懲役刑の適用は不可能なため罰金刑のみが定められています。表6-4-1に両罰規定に関する主な罰則をまとめてみました。

「不法投棄」または「不法焼却」、およびそれぞれの「未遂罪」については3億円以下の罰金を課すと定められています。このように、個人の罰則よりも重い罰則を法人に対して適用することを「法人重課」といいます。

ちなみに、日本の国内法において、3億円の罰金を課す法律はあまり例を見ないともいわれています。余談ですが、罰金の大きさは警察官のモチベーションにとって多大な影響力を発揮するそうです。両罰規定の罰則が3億円に引き上げられた頃から廃棄物処理法違反で摘発される件数が増加したように感じるのは筆者だけでしょうか。

表 6-4-1　法人等両罰規定

法人等両罰規定	不法投棄または不法投棄未遂	3億円以下の罰金
	不法焼却または不法焼却未遂	3億円以下の罰金
	受託禁止違反	1000万円以下の罰金
	委託基準違反（①に該当）※	1000万円以下の罰金
	委託基準違反（②に該当）※	300万円以下の罰金
	管理票不交付等（③に該当	100万円以下の罰金

※表中の委託基準違反(①に相当）は表6-3-3内の委託基準違反①、委託基準違反(②に相当）は表6-3-4の委託基準違反②、管理票不交付等(③に相当）は同様に表6-3-4の管理票不交付③のことをそれぞれ表わす。

●秩序罰

秩序罰とは行政罰のうち比較的軽微な義務違反に与えられる罰則をいいます。名称も「過料」といい、刑事罰ではないとされています。廃棄物処理法では20万円の過料と10万円の過料があります。

表 6-4-2　秩序罰

罰則	内容
20万円の過料	事業場外保管場所の届け出義務違反 多量排出事業者に関する処理計画書、実績報告書の未提出および虚偽報告
10万円の過料	登録再生業者の登録をせずにその名称を用いた者

Column

野焼きについて

不法焼却は別名「野焼き」と呼ばれています。屋外でものを燃やす行為はすべて「野焼き」に該当するとされています。

ただし、キャンプファイアや焼き芋パーティ、焚き火、どんと焼きなど、軽微で日常生活の中で昔から営まれてきたもの、および宗教行事、農業林業で行う「野焼き」は例外として認められています。法律では次のように定められています。なお、工事現場などで廃棄物を燃やす行為は罰則の対象です。

※法第16条の2 「何人も、次に掲げる方法による場合を除き、廃棄物を焼却してはならない」

※例外:施行令第14条

第3号「風俗慣習上または宗教上の行事を行うために必要な廃棄物の焼却」

第4号「農業、林業または漁業を営むためにやむを得ないものとして行われる廃棄物の焼却」

第5号「たき火その他日常生活を営む上で通常行われる廃棄物の焼却であって軽微なもの」

6-5 行政処分と行政報告

この節では行政処分とその前提のひとつとなる行政報告について解説します。廃棄物処理法の行政報告は排出事業者に課せられるもの、処理業者に課せられるものに大別されますが、ここでは排出事業者にとって関係の深い報告と、行政の行う「報告の徴収」に絞って取り上げることとします。

●交付等状況報告書

交付等状況報告書は1年間に交付した産業廃棄物管理票の交付状況を都道府県に報告するもので、対象は紙のマニフェストを交付した事業者です。交付枚数による規定はありませんので、1枚でも交付していたら報告義務が発生します。報告を怠った場合、勧告、社名の公表などの措置をとられる場合があり、勧告を無視すると「措置命令」を発せられることもあります。

●多量排出事業者の報告

多量排出事業者の報告（正式名：産業廃棄物処理計画書・産業廃棄物処理計画実施状況報告書）は、排出事業者に課せられた報告です。年間1,000トン以上（特別管理産業廃棄物の場合は50トン）の廃棄物を排出する事業者に課せられた義務で、該当事業者は廃棄物の削減計画を盛り込んだ「産業廃棄物処理計画書」を策定し、前年度の実績とともに都道府県知事に年1回提出しなければなりません。自治体からは提出を促す書類もしくは通知はありませんが、提出義務を怠ったものには秩序罰として20万円の過料が科せられる可能性がありますので、該当する事業者は忘れずに自発的に作成し、提出しなければなりません。

●報告の徴収

廃棄物処理法第18条に定められた「報告の徴収」は都道府県知事に与えられた権限のひとつです。都道府県知事は、この条文に従って廃棄物処理法に抵

図 6-5-1　交付等状況報告書のひな形

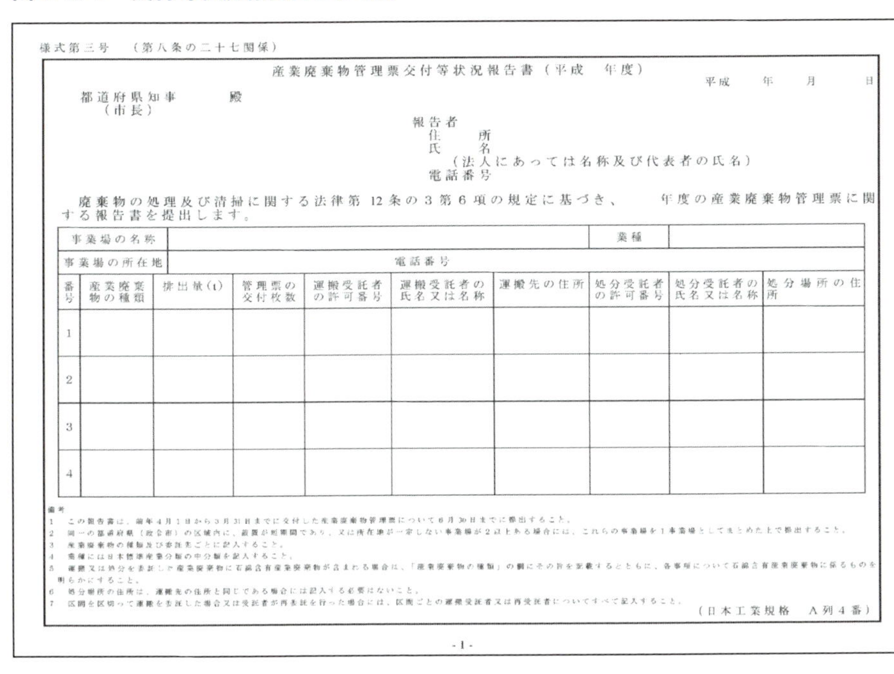

様式第三号　（第八条の二十七関係）

産業廃棄物管理票交付等状況報告書（平成　年度）

平成　　年　　月　　日

都道府県知事　　　殿
（市長）

報告者
住　　所
氏　　名
（法人にあっては名称及び代表者の氏名）
電話番号

廃棄物の処理及び清掃に関する法律第 12 条の 3 第 6 項の規定に基づき、　　年度の産業廃棄物管理票に関する報告書を提出します。

事業場の名称						業種			
事業場の所在地				電話番号					
番号	産業廃棄物の種類	排出量(t)	管理票の交付枚数	運搬受託者の許可番号	運搬受託者の氏名又は名称	運搬先の住所	処分受託者の許可番号	処分受託者の氏名又は名称	処分場所の住所
1									
2									
3									
4									

備考
1　この報告書は、前年4月1日から3月31日までに交付した産業廃棄物管理票について6月30日までに提出すること。
2　同一の都道府県（政令市）の区域内に、設置が短期間であり、又は所在地が一定しない事業場が2以上ある場合には、これらの事業場を1事業場としてまとめた上で提出すること。
3　産業廃棄物の種類及び委託先ごとに記入すること。
4　業種には日本標準産業分類の中分類を記入すること。
5　運搬又は処分を委託した産業廃棄物に石綿含有産業廃棄物が含まれる場合は、「産業廃棄物の種類」の欄にその旨を記載するとともに、各事項について石綿含有産業廃棄物に係るものを明らかにすること。
6　処分場所の住所は、運搬先の住所と同じである場合には記入する必要はないこと。
7　区間を区切って運搬を委託した場合又は受託者が再委託を行った場合には、区間ごとの運搬受託者又は再受託者についてすべて記入すること。

（日本工業規格　A列4番）

-1-

図 6-5-2　産業廃棄物処理計画書、処理計画実施状況報告書表紙のひな形

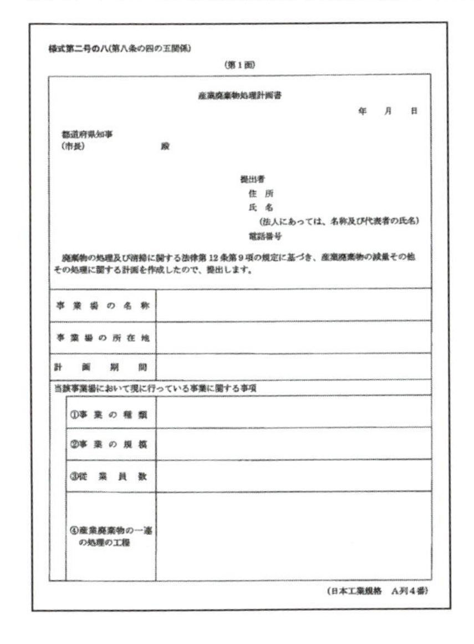

様式第二号の八(第八条の四の五関係)

(第1面)

産業廃棄物処理計画書

年　月　日

都道府県知事
(市長)　　　殿

提出者
住　所
氏　名
(法人にあっては、名称及び代表者の氏名)
電話番号

廃棄物の処理及び清掃に関する法律第 12 条第 9 項の規定に基づき、産業廃棄物の減量その他その処理に関する計画を作成したので、提出します。

事業場の名称	
事業場の所在地	
計画期間	
当該事業場において現に行っている事業に関する事項	
①事業の種類	
②事業の規模	
③従業員数	
④産業廃棄物の一連の処理の工程	

(日本工業規格　A列4番)

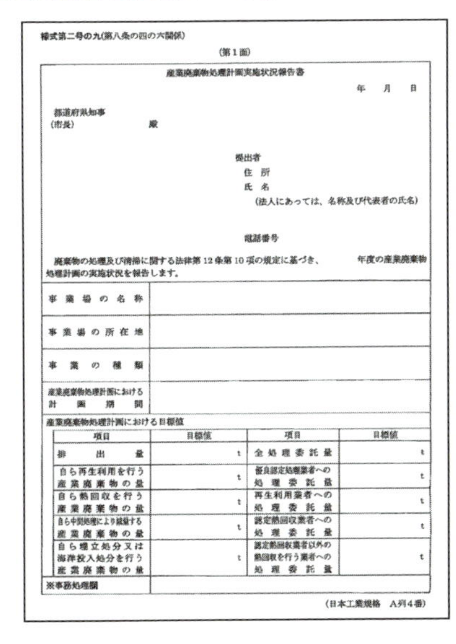

様式第二号の九(第八条の四の六関係)

(第1面)

産業廃棄物処理計画実施状況報告書

年　月　日

都道府県知事
(市長)　　　殿

提出者
住　所
氏　名
(法人にあっては、名称及び代表者の氏名)

電話番号

廃棄物の処理及び清掃に関する法律第 12 条第 10 項の規定に基づき、　　年度の産業廃棄物処理計画の実施状況を報告します。

事業場の名称	
事業場の所在地	
事業の種類	
産業廃棄物処理計画における計画期間	

産業廃棄物処理計画における目標値

項目	目標値	項目	目標値
排出量	t	全処理委託量	t
自ら再生利用を行う産業廃棄物の量	t	優良認定処理業者への処理委託量	t
自ら熱回収を行う産業廃棄物の量	t	再生利用業者への処理委託量	t
自ら中間処理により減量する産業廃棄物の量	t	認定熱回収業者への処理委託量	t
自ら埋立処分又は海洋投入処分を行う産業廃棄物の量	t	認定熱回収業者以外の熱回収を行う業者への処理委託量	t

※事務処理欄	

(日本工業規格　A列4番)

触する疑いのある事業者、処理業者等に対して報告書の提出を命令することができます。徴収の通知を受けた事業者または処理業者等は、提出期限までに報告書を都道府県知事に提出する義務を負います。

徴収通知では、報告書とともに帳簿、処理委託契約書、産業廃棄物管理票、経理情報などの提出を求めることが一般的です。報告書の提出を受けた都道府県は、内容を精査し、違反の事実の有無、報告書記載内容の適正さを判断します。虚偽報告や報告書未提出等の場合、罰金を科されることがあります。処理業者が罰則を適用されると廃棄物処理法上の欠格要件に該当することとなり、最悪の場合は許可取り消し処分を受ける可能性が生じます。

●措置命令

廃棄物処理法の行政処分には第19条の3「改善命令」、第19条の4および19条の4の2「措置命令」、第19条の5「措置命令」、第19条の6「措置命令」と、ひとつの改善命令と3つの措置命令が条文で用意されています。いずれの条文にも「必要な措置を講ずべきことを命令することができる」と記されており、ひとくくりにして措置命令ということもあります。

・改善命令

第19条の3は主に廃棄物処理施設(車両も含め)を対象とし、適正処理が可能となるように改善命令およびそれを担保するための使用停止命令を発出することを目的としています。

・一般廃棄物に関する措置命令

第19条の4および第19条の4の2は一般廃棄物の不適正処理に対する条文です。条文中に「生活環境の保全上支障が生じ、または生じる恐れがあると認められるとき」とありますが、これは廃棄物が不適正に保管されていたり不法投棄されたりして、周辺に危害が及ぶ可能性のあることをいいます。このような場合に、支障の除去を命じることができると定めたものです。

・産業廃棄物に関する措置命令

第19条の5は産業廃棄物に対する措置命令の規定です。処理業者による収集・運搬時の違反や処分時の違反だけではなく、廃棄物の発生から最終的な処分に至るすべての過程が対象です。したがって委託基準違反、マニフェスト関連の違反、保管基準違反、再委託基準違反などは排出事業者処理業者とも適用対象です。

・排出事業者への措置命令

特徴的な措置命令が第19条の6に規定されています。不法投棄などの原状回復命令（措置命令の一種）が原因者に対して発出され、かつ原因者が資力不足等で原状回復が困難な場合、都道府県知事は、原因者に処理を委託した排出事業者等に対しても支障の除去に関連する措置命令を発出することができるというものです。もちろん、すべての排出事業者に対してではありませんが、1-6節で説明をした努力義務（第12条第7項）を怠った場合などはこの条文の典型的な対象になるものと思われます。

●事業停止命令

第7条の3（一般廃棄物）および第14条の3（産業廃棄物）では、次の場合に許可権者は収集運搬業者または処分業者に対し、期間を定めて事業の全部または一部の停止を命じることができると定められています。

①違反行為（法令違反または法に基づく処分に違反する行為）をしたとき
②他人に違反行為をすることを要求し、依頼し、もしくは唆したとき
③他人の違反行為を助けたとき
④許可の基準、条件に適合しなくなったとき

Column

直接罰と間接罰

法律の罰則適用方法にはふたつの方法があります。ひとつ目の直接罰は法律の世界では「直罰制」と呼ばれるもので、違反に対し直接的に罰則が適用されるタイプを指します。

一方間接罰は「命令前置制」と呼ばれ、違反に対し最初に行政命令が発出され、その命令に違反した場合に初めて刑罰の適用がある点が異なっています。

図6-A　直接罰と間接罰

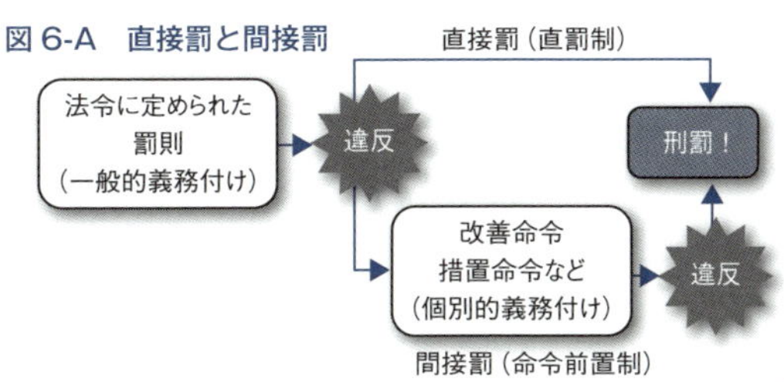

●許可の取り消し

法第7条の4（一般廃棄物）および第14条の3の2（産業廃棄物）に規定されており、文字通り営業許可を取り消す処分のことです。この条文には許可の取り消しについて2種類の規定が定められています。

・許可を取り消さなければならない場合

上記ふたつの条文には、法人の経営者または個人事業主が表6-5-1の要件（「欠格要件」といいます）に該当した場合、都道府県知事（または政令市長）は「許可を取り消さなければならない」（各条第1項）と定められています。

すなわち、欠格要件に該当すると無条件に許可が取り消されるとされているわけです。行政の裁量の余地をなくすことを目的に、2003年の法改正時に盛り込まれました。この改正の結果、許可の取り消し件数は改正前に比べ飛躍的に増加し、それまでの年間80件前後から、改正後には1000件近い数を数える年も生ずるようになりました。

またこのときの改正では、「取り消しされた業者の役員がほかの処理業者の役員を兼ねていた場合、その業者も許可取り消しになる」という趣旨の規定も設けられました。この規定の下では、取り消しの無限連鎖が生じることが予想され、実際にそれに近い事例も生じていました。さすがに厳しすぎるということで、2012年の改正法施行により、連鎖は一次でとどめられることになりました。

なお、経営者が未成年であった場合の法定代理人や黒幕を含む法人の役員、使用人、個人事業の場合の使用人がこれらの要件に該当した場合も、同様に許可の取り消し対象となります。

・許可を取り消すことができる場合

第7条の4第2項および第14条の3の2第2項で規定されているもので、前ページ（事業停止命令）で説明した「④許可の基準、条件に適合しなくなった場合」には、その状況に応じて許可を取り消すことができるとされています。事業停止命令で是正ができる場合は事業停止命令で、それだけでは是正が不可能な場合は許可を取り消してもよい、というわけです。

表 6-5-1　欠格要件の内容

欠格要件		
一般廃棄物・産業廃棄物許可共通	①	成年被後見人、被保佐人、破産者
	②	禁固刑以上の刑を受け、刑の執行を終わりまたは執行を受けることがなくなった日 から5年を経過しない者
	③	廃棄物処理法、浄化槽法および環境関連法、刑法（傷害罪、暴行罪、脅迫罪、背 任罪など）などにより罰金刑を受け、5年を経過しない者
	④	廃棄物処理業、浄化槽清掃業の許可を取り消されたもので、取り消しの日から5 年を経過しない者
	⑤	許可の取り消し処分の通知があってから処分が決定するまでの間に、廃止の届出 をした者で届出の日から5年を経過しない者
	⑥	⑤の取り消し通知日の60日前以内に廃止の届出をした者で届出日から5年を経過 しない者
	⑦	その業務に関し不正または不誠実な行為をする恐れがあると認めるに足る相当の 理由がある者
	⑧	不正な手段で許可を取得した者
	⑨	前項（事業停止命令）で説明した①～③に該当し情状が特に重い者
産業廃棄物許可の追加要件	⑩	暴力団員、または暴力団員でなくなった日から5年を経過しない者
	⑪	暴力団員等がその事業活動を支配する者

図 6-5-3　許可の取り消しに関するフロー

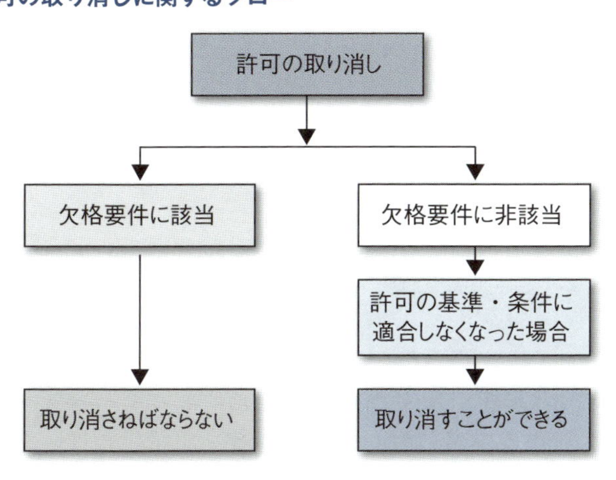

6-6 処理困難通知と措置内容等報告書

この章の最後に処理困難通知と措置内容等報告書について説明をします。措置命令、改善命令等とも密接に関連がありますので、罰則とは異なりますがここで取り上げることにしました。

●処理困難通知

産業廃棄物収集運搬業者または処分業者は、委託を受けている産業廃棄物の収集・運搬または処分を適正に行うことが困難となる、または困難となる恐れがある事由が生じた場合、排出事業者にその旨を書面で通知する必要があります（第14条第13項および第14条の4第13項）。この通知を処理困難通知といいます。通知しなければいけない事由として、施行規則第10条の6の2では以下を定めています。

① 処理施設が破損やその他の事故により、廃棄物の処理ができないために処理前の廃棄物の保管量が上限に達した場合
② 産業廃棄物の収集・運搬または処分に関する事業の、全部または一部を廃止したために委託を受けている廃棄物の処理が事業範囲外になった場合
③ 廃棄物処理施設を廃止または休止したために、廃棄物の処分を行えなくなった場合
④ 最終処分場が満杯になり、埋立処分ができなくなった場合
⑤ 欠格要件に該当するに至った場合
⑥ 事業停止命令を受けた場合
⑦ 業許可の取り消し処分を受けた場合
⑧ 改善命令、措置命令を受けたために処理施設が使用できなくなり、処理前の廃棄物の保管量が上限に達した場合

この8つのケースに至った処理業者は、原則として処理委託契約を締結しているすべての排出事業者に対し、次の内容を記載した書面を、事由の生じ

た日より10日以内に書面で通知しなければならない（施行規則第10条の6の3）と定められています。また、当該通知の写しは5年間保存しなければなりません。

処理困難通知の通知事項

①処理業者名
②住所
③代表者の氏名
④処理困難に該当する事由が生じた年月日
⑤当該事由の内容

図 6-6-1　処理困難通知を受け取った時の対処フロー図

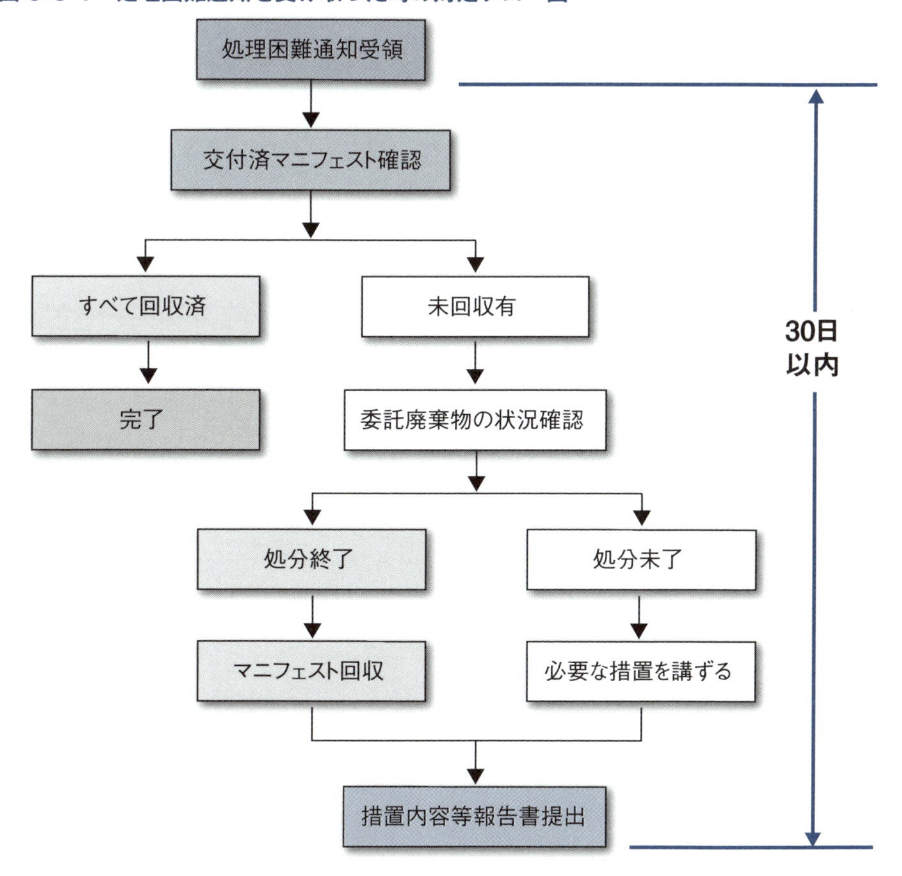

●措置内容等報告書

措置内容等報告は管理票交付者（＝排出事業者）に課せられた義務のひとつです。マニフェストが規定通りの期日で戻らなかった、内容に問題があることがわかったなど、マニフェストの運用に問題がある場合、および処理困難通知を受け取った場合に、排出事業者は速やかに処理の状況を把握し、適切な措置を講じなければならないと定められています（第12条の3第8項および第12条の5第10項）。この講じた「適切な措置」を報告する書式が「措置内容等報告書」と呼ばれるものです。具体的には、「生活環境の保全上の支障の除去または発生の防止のために必要な措置を講じ」、30日以内に報告書を提出する（施行規則第8条の29および第8条の38）とされています。30日以内の基準となる期日は以下のとおりです。

> ①マニフェストB票D票が交付日から90日以内に戻らなかった場合
> ②マニフェストE票が交付日から180日以内に戻らなかった場合
> ③記載漏れのマニフェストの送付を受けた日
> ④虚偽のマニフェストの送付を受け、虚偽であることを知った日
> ⑤処理困難通知を受けた業者に交付したマニフェストの送付を受けていないとき

また、「生活環境の保全上の支障の除去または発生の防止のための措置」とは、一般的には委託した廃棄物を排出事業者が回収し、適正に処理をし直すことをいいます。自ら処理を行うだけではなく、別の適正な処理業者に改めて処理を委託して行うことも可能です。

図6-6-2　措置内容等報告書書式例（様式4号）

様式第四号（第八条の二十九関係）

措置内容等報告書

年　月　日

都道府県知事
（市長）　　殿

報告者 住 所
氏 名
（法人にあっては、名称及び代表者の氏名）
電話番号

廃棄物の処理及び清掃に関する法律施行規則第8条の29の規定に基づき、次のとおり報告します。

管理票	交付番号	
	交付年月日	
運搬又は処分を委託した産業廃棄物の種類		1特別管理産業廃棄物（　） 2その他の産業廃棄物（　）
運搬又は処分を委託した産業廃棄物の数量		
報告書を提出することとなった事由の区分及び②～④に該当する場合にあっては、当該事由が生じた年月日		①　廃棄物の処理及び清掃に関する法律施行規則（以下「施行規則」という。）第8条の28に規定する期間内に管理票の写しの送付を受けないとき ②　廃棄物の処理及び清掃に関する法律（以下「法」という。）第12条の3第3項から第5項まで又は第12条の5第5項の規定に規定する事項が記載されていない管理票の写しの送付を受けたとき（　年　月　日） ③　虚偽の記載のある管理票の写しの送付を受けたとき（　年　月　日） ④　法第14条第13項又は第14条の4第13項の規定による通知を受けたとき（　年　月　日）
※運搬又は処分の受託者	氏名又は名称	
	住所	
△把握した運搬又は処分の状況及びその把握の方法		
△生活環境の保全上の支障の除去又は発生の防止のために講じた措置の内容		

備考　1　運搬又は処分を委託した産業廃棄物に石綿含有産業廃棄物が含まれる場合は、「産業廃棄物の種類」の欄にその旨を、「産業廃棄物の数量」の欄にその数量を記載すること。
2　※欄には、この報告書を提出する事由を生じさせた者のみを記入すること。
（注）　この報告書を提出する事由を生じさせた者とは、次に掲げる者をいう。
①の場合　施行規則第8条の28に規定する期間内に管理票の写しを送付しなかった者
②の場合　法第12条の3第3項から第5項まで又は第12条の5第5項の規定に規定する事項が記載されていない管理票の写しを送付した者
③の場合　虚偽の記載のある管理票の写しを送付した者
④の場合　法第14条第13項又は第14条の4第13項の規定による通知をした者
3　△印の欄にその記載事項のすべてを記載することができないときは、同欄に「別紙のとおり」と記載し、別紙を添付すること。

（日本工業規格　A列4番）

第7章

環境法の概要と廃棄物処理の今後

この章では少し視野を広げて環境法全般の話や廃棄物処理法の歴史と変遷など、
廃棄物処理法の置かれている周辺環境と中間処理業を中心とした
今後の方向性を説明するとともに、法律の向かう先について
私見を交えて触れてみました。

7-1 環境法制の世界的な流れ

●「持続可能な発展」

「持続可能な発展」という言葉は環境に興味のない方でも一度は聞いたことがあると思います。英語の「Sustainable development」（サステナブル　デベロップメント）の訳ですが、「持続可能な開発」と訳されることもあります。

漁業や林業の分野では、「最大維持可能漁獲量」（Maximum Sustainable Yield：MSY）、「最大伐採可能量」（Maximum Allowable Cut：MAC）という概念が、国際捕鯨取締条約（1946年）、北太平洋漁業協定（1952年）などを通じて取り入れられてきました。こうした考え方はさまざまな分野に広がって盛んに議論されるようになり、1970年代の終わりころには「持続可能な発展」の用語が用いられるようになりました。

そして、2002年の『持続可能な開発に関する世界首脳会議（ヨハネスブルグ・サミット）』では「環境・経済・社会」の3つの側面のバランスをとることで「持続可能な開発」を進めることが合意され、世界共通の理念として受け入れられるに至りました。

「持続可能な発展」概念の形成初期にはこの3つの構成要素は並列的なものとして捉えられていましたが、その後、数々の議論を経て概念への理解が深まるとともに変化し、現在では重層的かつ密接に関連しあう不可分なものとして捉えられるようになりました。

図 7-1-1　持続可能な社会の模式図

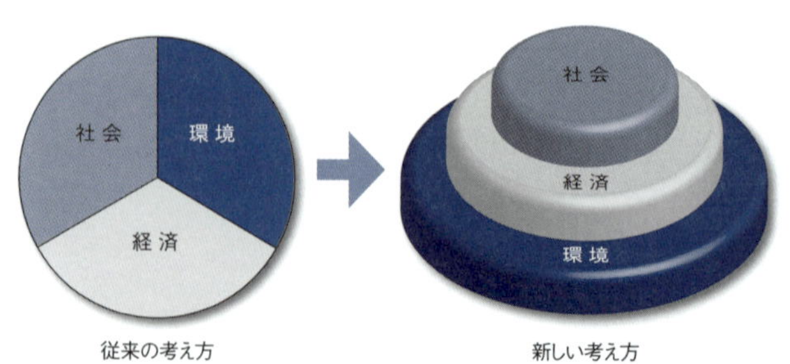

●未然防止原則と予防原則

環境に脅威を与えることが科学的に証明されている物質や活動を、環境に影響を及ぼさないように事前に防止するという考え方を「未然防止原則」といいます。もう少し柔らかく、「未然防止的アプローチ」と表現する人もいます。

未然防止原則は、「危険防御」、「事前配慮」、「将来配慮」の3つを構成要素とするといわれています。すなわち、直接的に危険を防御(危険防御)し、危険が発生する前にリスク回避もしくは低減を行い(事前配慮)、将来世代の活動に支障を生じさせないように生活形態を予見する(将来配慮)ことで、環境への影響を未然に防止しようとするものです。

この未然防止原則は1972年の「人間環境宣言」第21原則(ストックホルム人間環境会議で採択)で示されたもので、今日では慣習国際法として定着しています。多くの国の国内法にもこの原則が取り入れられ、日本においてもいろいろな公害対策法に取り入れられています。(図7-1-2)

図 7-1-2 未然防止原則を取り入れた主な公害防止対策関連の法律

これに対し、予防原則の考え方は、少し乱暴にいうと「環境に悪影響を及ぼす可能性のある物質や活動について、疑わしさが強く推測される場合は、被害が生じる前に制限することができる」というものです。科学的証明が不確実であっても、環境に悪影響を及ぼす可能性の高い物質や活動を規制するもので、「疑わしきは罰せず」を基本原則としている従来の法原則から大きく踏み出したものとなっています。

医薬品や農薬などの世界では、安全が確認できたものしか製品化ができないことが常識となっていますが、これも一種の予防原則であるといえます。

国や地域により予防原則に対する考え方は大きく異なっていて、ヨーロッパをはじめとする先進国、地域間では比較的広く受け入れられているのに対し、途上国では受け入れに消極的な国が比較的多いといわれています。国連気候変動枠組み条約における二酸化炭素排出量の考え方、削減義務についての各国の姿勢などがその典型例であるといえます。

●汚染者負担原則

「汚染者負担原則」は、経済協力開発機構（OECD）が1972年に採択した「環境政策の国際経済面に関する指導原則の理事会勧告」で勧告された原則です。「汚染浄化施設設置費用など、汚染防止に関する費用は、原因者が自ら負担する」ことをルール化したもので、国が該当企業に補助金を支給した場合、補助金を受けた国内企業と受けない国外企業の製品間に価格差が生じ、公平な競争が維持できなくなることを防止するための措置として設けられたものです。

一方、我が国では公害問題の対策とその克服を目指して、OECDとは異なる「汚染者負担原則」が生まれました。前述のようにOECDのそれは経済的な側面が強く表れており、効率性の重視に主眼が置かれていますが、日本ではむしろ、効率性よりも公害対策の正義と公平の原則を重視し、汚染防止に加え原状回復や被害救済を包含するものとして「汚染者負担原則」を捉えることとなったのです。

汚染者負担原則をさらに深化させた考え方を「原因者負担原則」と呼ぶ場合があります。経済的な側面だけではなく、原因者の行為についても責任を負わせることでより公平性が保てるとする考えです。決して一般的な使い方ではないのですが、未然防止原則から予防原則に軸足が移りつつあることと併せて、原因者の責任をより大きく捉える方向性の表れであるといえます。この点から、日本の汚染者負担原則は「原因者負担原則」に置き換えて表現してもよいかもしれません。

Column

予防原則について

予防原則はこれからの環境問題を考える場合に避けて通ることのできない重要な考え方です。

予防原則はふたつの特色を持つとされています。第一の特色は、科学的に因果関係が証明されることを前提にせず適用されるとする点です。第二の特色としては、予防原則の適用にあたっては「深刻な、あるいは取り返しのつかない損害のおそれがある場合」に限るとすることが挙げられます。すなわち、損害のおそれが極めて甚大であると予測され、因果関係に確実ではないが相当な確からしさがある場合に初めて適用される原則であることをいいます。

EUでは欧州共同体委員会が「予防原則に関する委員会からのコミュニケーション」として2000年2月に予防原則の考え方について発表しています。その中で、予防原則適用のための一般原則として次の5点を挙げています。

①均衡性：措置は望まれる保護の水準と釣り合いが取れていなければならない
②無差別：措置はその適用において差別的であってはならない
③一貫性：措置は同様な状況において既にとられている措置、または同様のアプローチを用いている措置と一貫しているべき
④行動することおよびしないことの費用と便益の検討：行動をとる場合ととらない場合の全体の費用と便益を短期的長期的に検討すること
⑤科学的知見の発展についての検討：新しい科学的データに基づく定期的な再検討を条件とすること

前述のように医薬品開発の分野などでは、開発製造事業者が当該医薬品の安全かつ有効であることの証明を行うという、予防原則の考え方を取り入れたしくみが既に成立・稼働しています。

一方で、この考え方をほかの分野に広げてむやみに適用しようとすると、過剰な規制を招く可能性が高くなることや、経済発展の阻害要因となることなどが容易に想像できます。このため、2002年のヨハネスブルグ・サミットでは、採択された実施計画の中で化学物質などの文言には、趣旨は残しつつよりソフトな対応が可能になるよう、「予防的取組」という言葉が採用されました。

7-2 環境法の体系

環境法の役割は、環境面における持続可能な社会を構築するために必要とされる施策を、法的側面から支援することです。環境法とは、全体的な骨格を定めた基本法と、個々の側面についての規定が盛り込まれた個別の法律群の総称を指す言葉で、「環境法」という名称の法律はありません。

ここでいう基本法は、「環境基本法」および「環境基本計画」により構成されています。「環境基本法」には、環境全般について国の政策の基本的方向を示されており、「環境基本計画」の策定のほか、環境基準を定めること、公害防止計画の作成などを行うことが規定されています。策定された環境基本計画には、政策実現のための具体的施策と達成時期の概要が盛り込まれています。

図 7-2-1　環境法の体系

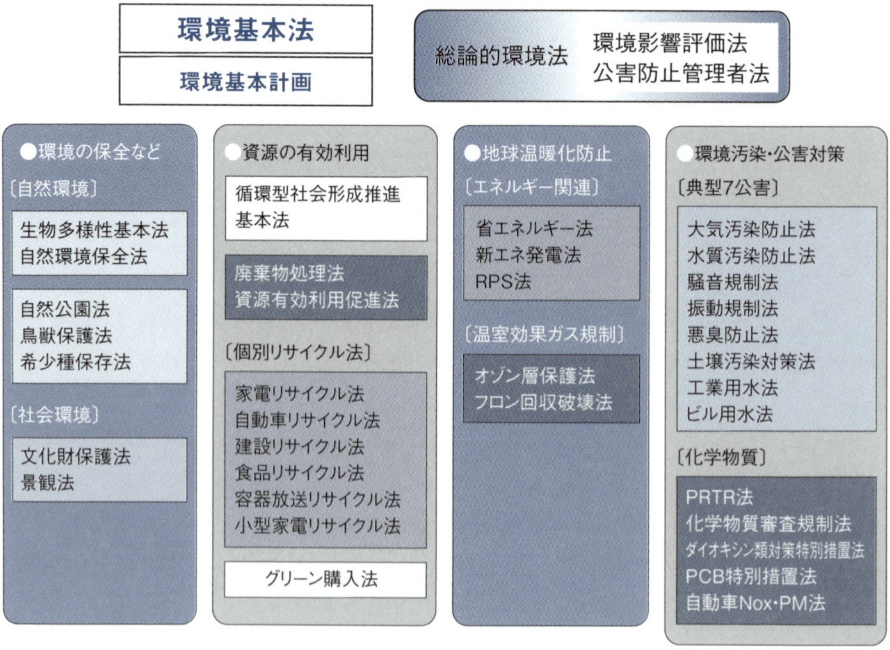

環境基本法
環境基本計画

総論的環境法
- 環境影響評価法
- 公害防止管理者法

●環境の保全など

〔自然環境〕
- 生物多様性基本法
- 自然環境保全法

- 自然公園法
- 鳥獣保護法
- 希少種保存法

〔社会環境〕
- 文化財保護法
- 景観法

●資源の有効利用
- 循環型社会形成推進基本法

- 廃棄物処理法
- 資源有効利用促進法

〔個別リサイクル法〕
- 家電リサイクル法
- 自動車リサイクル法
- 建設リサイクル法
- 食品リサイクル法
- 容器放送リサイクル法
- 小型家電リサイクル法

- グリーン購入法

●地球温暖化防止

〔エネルギー関連〕
- 省エネルギー法
- 新エネ発電法
- RPS法

〔温室効果ガス規制〕
- オゾン層保護法
- フロン回収破壊法

●環境汚染・公害対策

〔典型7公害〕
- 大気汚染防止法
- 水質汚染防止法
- 騒音規制法
- 振動規制法
- 悪臭防止法
- 土壌汚染対策法
- 工業用水法
- ビル用水法

〔化学物質〕
- PRTR法
- 化学物質審査規制法
- ダイオキシン類対策特別措置法
- PCB特別措置法
- 自動車Nox・PM法

図7-2-1は、環境法に含まれる主な法律群を、持続可能な社会の構築に必要とされる環境面を構成する3つの要素、すなわち①「環境の保全」、②「資源の有効利用」、③「温暖化対策」と、④「環境汚染・公害対策」および⑤「総論的環境法」を加えて、5つに分類したものです。以下、この5つの分類に従って解説します。

●①環境の保全

自然環境に加え、社会および生活環境に関連する法律群です。

自然環境では、生態系の保全がその主な目的とされています。このために、「生物多様性の確保」と「自然界の再生力を超えない開発」をどのように実現させるかについての施策の立案と実施が求められています。いかに自然生態系へのインパクトを最小限にとどめ、次世代への豊かな自然環境の継承を実現することができるかがメインテーマとなっています。

他方、人間の生活は自然環境だけでなく、社会環境にも大きく影響されます。歴史財産を含めた社会環境の整備・保全は、良好な社会・生活環境を保持するための重要な施策のひとつであり、このため最近では、環境法の分野に含められることが多くなりました。

●②資源の有効利用

資源には広い意味で「生物資源」と「非生物資源」が含まれます。環境法体系の中で「生物資源」は①の「環境の保全」の中で扱われることが多いため、狭義の資源の有効利用では対象を「非生物資源」に限ることが一般的のようです。また、非生物資源においても採掘(収奪というケースも増えています)は、自然環境の悪化を伴い行われることが多いことから、同様に「環境の保全」の枠組みで扱われることのほうが多いようです。

一方、いわゆる3R(リデュース、リユース、リサイクル)は廃棄物由来の資源の有効利用であり、この分野の法律の多くは、3R促進のツールとして捉えられています。廃棄物処理法はもともと④の公害対策法の一環として成立したものですが、リサイクル推進の側面が強化されたこともあり、現在ではこの分野に分類されています。

●③温暖化対策

今一番ホットな話題がこの「温暖化対策」です。温暖化対策もふたつのカテゴリーに分かれます。ひとつは地球温暖化の原因とされる温室効果ガスの削減、もうひとつはエネルギー対策です。

温室効果ガスの削減については、CO_2対策とその他の温室効果ガス対策のふたつの施策がとられています。CO_2対策はエネルギー対策とそのほとんどが重複しています。すなわち、エネルギー消費の削減と再生可能エネルギー使用の促進です。化石燃料の消費量の削減は、まさに資源の有効利用ですし、廃棄物の原材料化は化石燃料の使用量の削減に直結します。同様に、廃棄物発電は温暖化ガスの抑制に寄与します。

温室効果ガス対策としては、温室効果ガス使用の禁止措置と回収・破壊の2本立ての施策が講じられています。

●④環境汚染・公害対策

「環境汚染・公害対策」のグループは、いずれも規制を主目的とした法律群でまとめています。排出基準を定め、基準値を遵守するための様々な規制を規定しているところに特徴があります。また、土壌汚染対策法では汚染土壌の除去や封じ込めなど、さらに踏み込んだ措置を規定しています。

●⑤総論的環境法

上記４つの法律群とは若干性格を異にする法律群です。環境に影響を及ぼす可能性のある事業者自らが環境保全対策や公害防止に努めることを義務付けたものです。

「環境影響評価法」は、「アセス法」とも呼ばれ、環境に影響を及ぼす事業について、事業主自らが環境影響を調査・予測・評価するしくみを通じて、環境保全対策の的確な実施を図る目的を持つ法律です。

「公害防止管理者法」では、法律で指定された特定事業者は、自らが「公害防止管理者」を設置し、公害防止管理に努めることを定めています。

以上、すべての環境法を網羅しているわけではありませんが、なんとなく概要がわかるのではないでしょうか。

Column

資源有効利用促進法について

廃棄物処理法とともに資源の有効利用、資源循環推進の“車の両輪”として資源有効利用促進法があります。正式名称は「資源の有効な利用の促進に関する法律」で、1991年に制定された「再生資源の利用の促進に関する法律」が、2000年に大幅改正されるとともに名称変更されて成立した法律で、リサイクル法とも呼ばれています。

2000年には循環型社会形成推進基本法も制定され、リサイクルの強化、廃棄物の発生抑制やリユースのいわゆる「3R」(Reduce、Reuse、Recycle)の推進が大きくクローズアップされた年であるといえます。

この法律は第1条にあるとおり「資源の有効な利用の確保を図るとともに、廃棄物の発生の抑制および環境の保全に資する」ことを目的とした法律です。

①事業者による製品の回収・リサイクルの実施(リサイクル)
②製品の省資源化・長寿命化等による廃棄物の発生抑制(リデュース)
③回収した製品からの部品の再利用(リユース)

具体的には上記の3点を推進するための施策を講ずることで、循環型経済システムへの移行を目指すこととしたのです。特に事業者に対して3Rの取り組みが必要となる業種や製品を政令で指定し、自主的に取り組むべき具体的な内容を省令で定めることとしています。

図7-A　資源有効利用促進法の概要

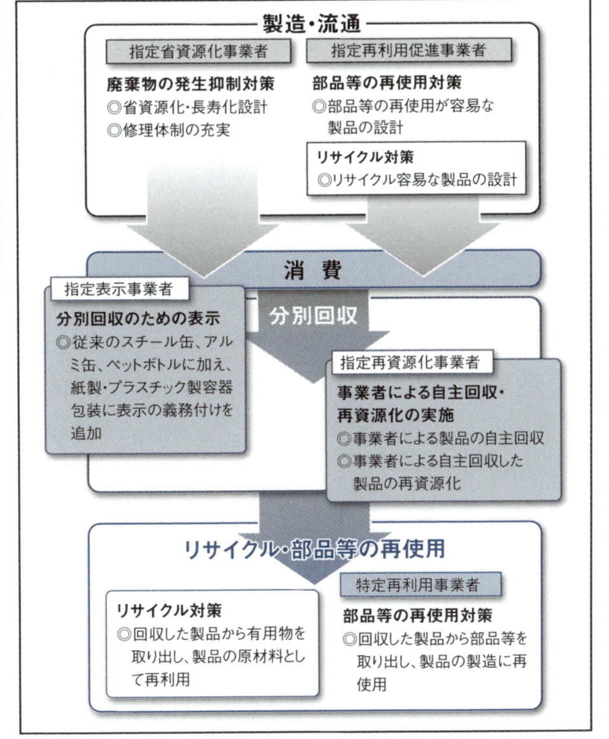

出典：経済産業省HP資源有効利用促進法より転載

7-3 廃棄物処理の今後①
ゼロエミッション

今まで見てきたように、廃棄物処理の位置付けは、公害対策を前提にしたうえで、資源の有効利用促進に積極的に関わっていく方向にその軸足を移しつつあることが鮮明になってきました。ここからは、廃棄物の処理の今後についてふたつのポイントを説明したいと思います。最初は「ゼロエミッション」です。

図7-3-1はゼロエミッションを提唱した国連大学が提供しているゼロエミッションの概念図です。

天然資源は、製品の原材料として自然界より採掘・収奪され、製品化され形を変えて消費者の手許に届きます。従来型の開発は直線型のモデルを構成していました。すなわち、製造の過程で排出される製造ロスとしての廃棄物、製造に伴う公害は自然界に放出されたままになっていたのです。そして使用済み製品も多くは廃棄物として埋立てられていました。天然資源が有限である以上、このモデルでは持続可能な社会を構築することができないのは誰の目にも明らかです。

●廃棄物を原材料に変える循環型モデル

「ゼロエミッション」は自然界における食物連鎖から連想されたもので、「ある産業で排出した廃棄物をほかの産業で原材料として使用することで、産業界全体として廃棄物の自然界への放出を限りなくゼロにすること」をいいます。食物連鎖がそうであるように、ゼロエミッションは循環型モデルを前提にしています。公害を自然界に放出させないようコントロールすることと同時に、廃棄物を天然資源の代替物として利用することで、循環型社会の構築を目指そうとする考えです。

国連大学のモデルでは、循環型モデルを採用することによって、資源の有効利用にとどまらず、雇用機会の増加と高付加価値の獲得による富の増加をも得ることができるとしています。このモデル実現のポイントは、廃棄物を原材料に転嫁させる恒常的なしくみの構築にあります。すなわち、ビジネスベースで利益の確保が可能なモデルの構築を行わなければなりません。廃棄物処理の工程では、中間処理場がこれを受け持つこととなります。

図 7-3-1　ゼロエミッションの概念

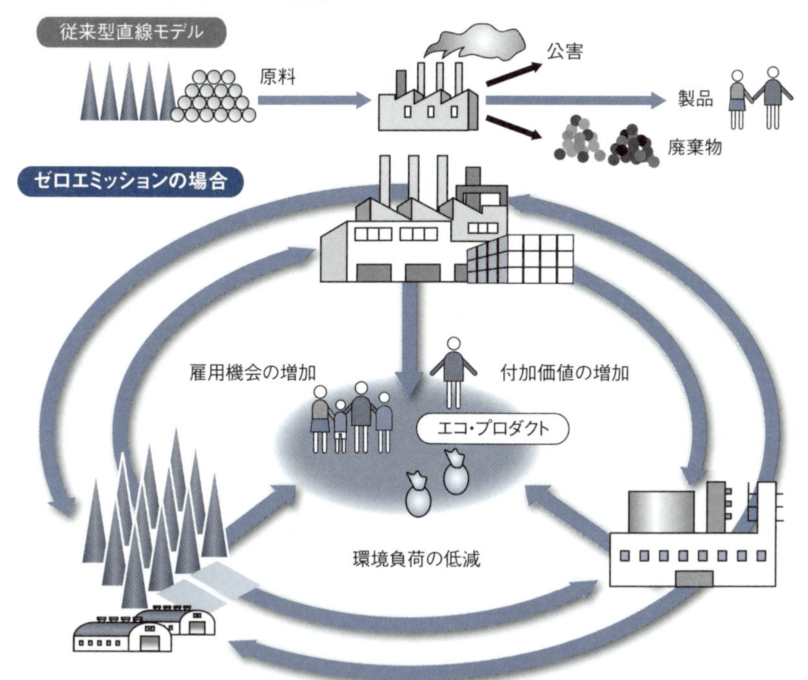

Column

ゼロエミッションについて

1994 年に国連大学が提唱したゼロエミッションの考え方は、そのままでは個々の企業の取り組みに結びつけることは困難でした。このため、考え方を踏襲しつつ、若干サイトを狭めた取り組みが多くの企業で行われています。

企業における「ゼロエミッション」の取り組みでは、排出事業者が排出した廃棄物を他産業の原材料として提供し、原材料とならないものは焼却時に熱を回収し、エネルギーとして利用することで、廃棄物の埋立および単純焼却をゼロにすることを目標としています。

7-4 廃棄物処理の今後②
中間処理業のふたつの側面

廃棄物の処理に係る産業を血液の循環にたとえて「静脈産業」ということがあります。静脈産業の中で、廃棄物の中間処理工程は前項でも指摘したように、とても重要な位置を占めています。人体にたとえれば、肝臓と心臓の役割を持っているともいえます。次に説明する、製造事業者および物流基点の役割も同様の構図を備えています。

●製造事業者としての中間処理

一般的な中間処理では、廃棄物の減容化、安定化、無害化を行います。廃棄物の最終処分(埋立)を前提にした捉え方で、埋立量の削減と、環境への悪影響の低減を目的としたものです。

これに対し、ゼロエミッションシステムにおける中間処理では、廃棄物を他産業で使用するための原材料(燃料を含む)に加工することを目的とした処理を行います。単なる廃棄物の中間処理ではなく、原材料供給業としてより高度な処理を行うものです。

図 7-4-1　原材料供給業としての中間処理のイメージ

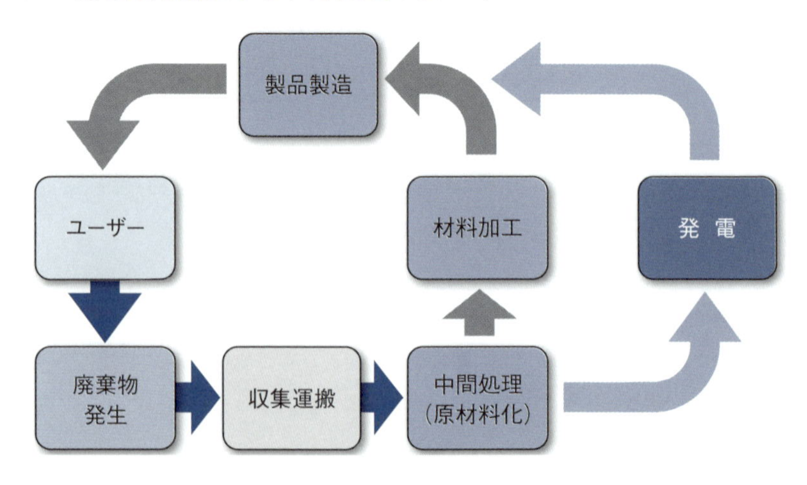

高度な中間処理を行うには選別の精度が要求されます。高度な選別により組成が均一化した廃棄物を、組成に応じた中間処理を施すことによって原材料化します。一例としてIT部材のリサイクルを見てみることにします。

図7-4-2は、IT部材（HDD）が実際にリサイクルされる際の模式図です。選別（分別）と中間処理の組み合わせにより原材料化されることがよくわかるケースです。

図 7-4-2　IT 部材のリサイクル

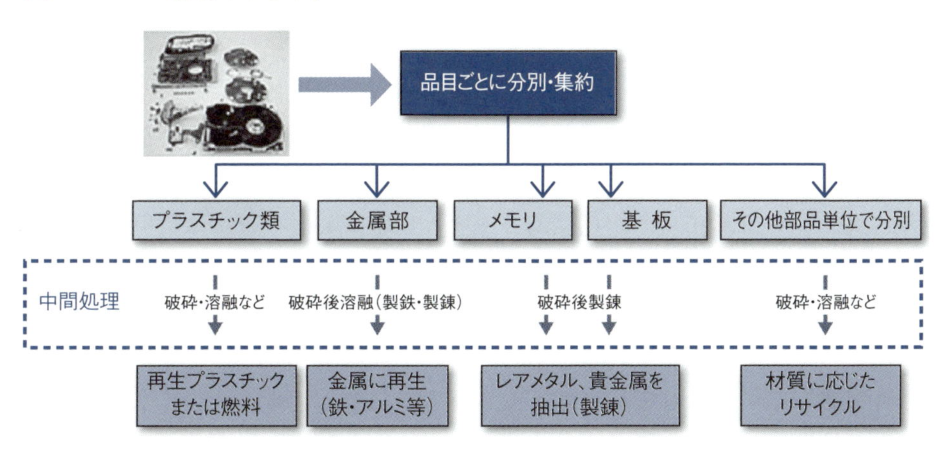

IT系の廃棄物には貴金属やレアアース、レアメタル類が豊富に含まれており、鉱石からの製錬よりも高効率であるとして、積極的にしくみの構築の行われている分野です。もちろん、IT系の廃棄物だけでなく、いろいろな産業界の廃棄物も同様に、選別したのちに性状に応じた中間処理を行うことで、廃棄物の原材料化が可能となります。

現状ではバージン原料を使用したほうがコスト、環境負荷の両面で有利なものもありますが、科学技術の発達により、リサイクル材利用のほうが有利になるものが増えてきています。たとえばプラスチック類などは、かつてはリサイクルするほうが石油から製造するよりもコストもかかり、排出CO_2も多いとされてきましたが、現在ではその種類によっては、組成に応じてマテリアルリサイクルとサーマルリサイクルを使い分けることで、環境、経済の両面で有利であるといわれています。

●物流基点としての中間処理

製造事業者としての中間処理については多くの人が言及していますが、物流の基点としての中間処理施設について言及している人はほとんどいません。物流コストの削減は、ほぼすべての産業に共通する課題のひとつです。そして、物流コスト削減の一環として物流センターを戦略的に設置した企業が、競争の優位に立つことも産業界では常識とされています。廃棄物処理業においては、廃棄物と生産工程をつなぐ役割を持つ中間処理施設が、その役割を負っているということができます。

ここで少し視点を変えて、中間処理施設のコスト構造を見てみることとします。表7-4-1は、優良な中間処理施設と不法行為を行っている中間処理施設のコスト削減手法についてモデル化したものです。この表の中の工場コストと二次委託費は、相反的関係にあります。工場コストを適切に負担することで分別精度を高めると、二次委託費の削減を図ることができますし、場合によっては有価性を獲得することも可能です。また、処理の精度を高め、かさ比重を高くすることで相対的な運送コストの削減も可能となります。

廃棄物を原材料として利用できる事業者の立地は、日本全国に平均してあるのではなく、むしろ廃棄物の主要な発生地からは遠方に存在していることが多いため、運送コストの削減は運搬距離を伸ばすことにもつながり、原材料を欲している製造事業者等の選択の幅が広がることにつながります。

表 7-4-1　中間処理業者のコスト削減方法比較

<table>
<tr><th></th><th>事務経費</th><th>工場コスト</th><th>運賃</th><th>二次委託費</th><th>利益</th></tr>
<tr><td rowspan="2">優良業者</td><td>IT 技術等の導入によるコスト削減</td><td>機械化・合理化によるコスト削減</td><td rowspan="2">積載効率の向上（減容してかさ比重を上げる）</td><td rowspan="2">分別精度の向上と委託先の選択で削減</td><td rowspan="2">許可された能力による</td></tr>
<tr><td>事務処理の能力大</td><td>分別精度の向上</td></tr>
<tr><td rowspan="2">不適正業者</td><td>事務処理そのものの削減</td><td>積替・保管行為で対応</td><td rowspan="2">外注・過積載で対応</td><td rowspan="2">？</td><td rowspan="2">極めて大きい</td></tr>
<tr><td>事務処理の能力小</td><td>（未処理・横持ち※等）</td></tr>
</table>

＊横持ち：許可された量を超えた受託廃棄物をほかの業者に横流し（無許可再委託）して処理を行うこと。

物流の基点としての中間処理施設のイメージは、図7-4-3を見るとよくわかると思います。高度な処理を行うことが、仕分け機能の向上と物流コストの削減につながり、さらに動脈と静脈の結節点の役割を果たすことにつながります。

図 7-4-3　物流基点のイメージ

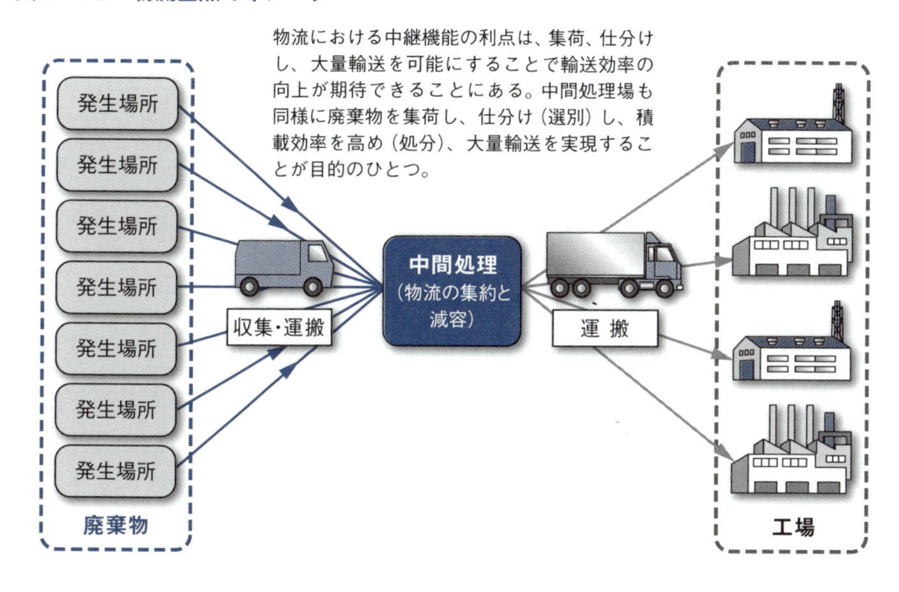

Column

モーダルシフト

モーダルシフトとは、トラック主体の輸送を鉄道や船舶による輸送に切り替えることをいいます。CO_2 の発生量は、トラック輸送と比べて船舶が 1/5、鉄道が 1/8（国土交通省 HP 内「我が国の鉄道輸送」より引用）と極めて少なく、環境面では有利な輸送方法です。

鉄道や船舶の長距離輸送に占める割合は現在でも 5 割を超えてはいますが、営業トラックでの輸送もまだ多いため、船舶・鉄道輸送の比率をさらに高めることで輸送に関する CO_2 排出量の削減を図る必要があるとされています。

運輸面におけるCO_2排出量削減の施策の中でも比重の大きいものであるといえます。

7-5 規制強化と規制緩和

地球規模での環境の変化を受けて、国内においても構造改革や規制緩和が大きな社会的課題に挙げられています。一方、環境分野では、自然破壊や過度な開発を防止するために、世界的規模で規制強化が必要だとされています。

廃棄物に関連する分野でも、自然環境や生活環境の保全のための規制の強化が求められている反面、資源の有効利用促進の立場からは規制緩和の要求がなされています。ここでは廃棄物処理を巡る規制強化と規制緩和について詳しく見ていくことにします。

●規制強化

廃棄物処理における規制強化は、排出事業者責任の強化と罰則の強化に端的に表れています。たとえば不法投棄（不法焼却含む）に対する罰則を法施行年ベースでみていくと表7-5-1のようになります。

表 7-5-1　不法投棄規制強化の流れ

年	規制強化の内容
1971年	5万円以下の罰金
1992年	6か月以下の懲役または50万円以下の罰金 （特別管理産業廃棄物の場合は1年または100万円） 不法投棄国内全域での禁止
1997年	3年以下の懲役または1000万円以下の罰金もしくはその併科 法人重課　1億円以下の罰金
2000年	5年以下の懲役または1000万円以下の罰金もしくはその併科
2003年	不法投棄・不法焼却未遂罪の創設
2004年	不法投棄・不法焼却準備罪の創設
2010年	法人重課　3億円以下の罰金

●排出事業者責任の強化

排出事業者への規制については、マニフェスト関連の一連の規定と措置命令の強化、再委託基準の強化が挙げられます。これも施行年ベースでみることにしましょう（表7-5-2）。

表 7-5-2　排出事業者への規制強化の流れ

年	規制強化の内容
1977年	委託基準の創設（許可業者への委託
1992年	委託基準の強化（書面による契約） マニフェスト制度義務化（特別管理産業廃棄物）
1998年	委託基準の強化（二者間契約の徹底） マニフェスト制度義務化の拡大（すべての産業廃棄物対象） マニフェスト不交付等への罰則適用（間接罰）
2000年	委託基準の強化（最終処分確認義務の追加、許可証写し添付） マニフェスト関連罰則の直罰化
2001年	措置命令対象拡大（注意義務違反等） マニフェストによる最終処分確認の義務化
2006年	石綿含有産業廃棄物規制強化　契約書記載事項の追加（廃棄物の性状変更時の通知方法、有害物質含有マーク等）
2012年	建設廃棄物に関する規制の強化

このように規制が強化された背景のひとつに、第6章でも取り上げた大規模不法投棄があります。不法投棄・不適正処理は、実行者にとって経済的にとてもうまみのあるものなので、罰金額が低いと何の牽制にもならないことから、法人重課の規定を盛り込み、巨額な罰金が規定されるようになりました。

また、目の前から廃棄物がなくなればよいと考える排出事業者も未だに後を絶たないこともあって、排出事業者責任の強化も図られてきたものです。

これらの規制強化に加え、処理業者にもより高度な管理を求めるために、特に焼却施設や最終処分場に関する規制についても、構造基準、維持管理基準（2-8節参照）の強化、維持管理に関する帳簿の備え付けと公表、閉鎖した最終処分場の管理強化など、環境負荷低減と生活環境の保全に向けた強化が積み重ねられてきています。

●規制緩和

ここからは排出事業者にとって関係の深いふたつの規制緩和措置について説明します。ひとつは収集運搬業許可の合理化、もうひとつは広域認定制度です。

・収集運搬業許可の合理化

第1章で説明した業許可のうち、収集運搬業に関しては2011年に施行された改正法により規制緩和が実施されました。従来の業許可は都道府県および許可権限のある政令市ごとに取得する必要がありましたが、この改正により都道府県ごとの許可の取得で済むようになり、政令市の許可は不要（積替保管を伴う許可を除く）となりました。産業廃棄物処理業の許認可権限を持つ自治体（保健所政令市）は、数度の市町村大合併により大幅に増加し、現在では約70市を数えるまでになりました。都道府県の数は47ですので、緩和前は120近い自治体から許可を得る必要があったものが、結果として47自治体からの許可で済むようになりました。収集運搬に関する規制緩和ですが、排出事業者にとっても業者確認に関する負荷を大幅に減らすことができるため、有用な緩和措置であるといえます。

・広域認定制度

リサイクル関連では、拡大生産者責任の強化を図るために設けられた「広域認定制度」が特筆されます。この制度は1994年に導入された広域再生利用指定制度を発展的に拡大したもので、2003年に導入されました。広域再生利用指定制度が廃棄物処理法施行令によるものであったことに対し、広域認定制度は廃棄物処理法によって規定されています。「広域的なリサイクルを推進するために、環境大臣が認定した者は廃棄物処理法の許可によらないで処理が行える」とした特例制度で、現在は200件程度まで認定事業者数が増えています。

この制度では、市町村ごともしくは都道府県ごとの処理業許可の取得が不要になるとともに、マニフェストの使用義務が免除されるため、認定事業者はそれぞれの業態に応じて、より柔軟に処理システムの制度設計を行うことができるようになります。もちろん法律の範囲内で行うことが前提ですが、リサイクルのしくみを構築する上で極めて有用性の高い制度となっています。反面、認定事業者は、認定に含まれる対象業者の行う処理についても全面的に事業者責任を負うことが求められることとなります。高度な責任の下で自由度の高い処理が認められる制度であるといえます。

図7-5-1　広域認定制度の概念図

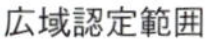

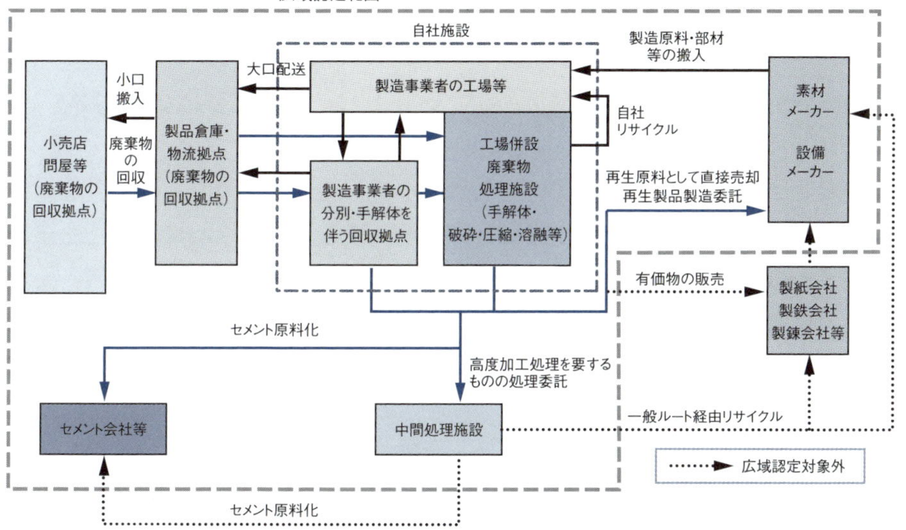

Column

拡大生産者責任について

拡大生産者責任（EPR：Extended Producer Responsibility）とは、「製造者は生産した製品のライフサイクルすべてについて責任を負う」とする考え方のことをいいます。使用済み製品の廃棄に関しても製造者が責任を負うことにより、環境負荷の低減を実現させることを目的としています。たとえば、設計の初期段階から再利用、再生利用を考慮した製品を製造することが促進されることなどがその実例であるといえます。このような設計思想を「グリーン配慮設計」といいます。

広域認定制度は使用済み製品の回収と再資源化を容易に行うことができるように設計された制度で、グリーン配慮設計と併用することにより、高度なリサイクルシステムの実現が可能となります。

7-6 望まれる法制度

●「廃棄物」と「リサイクル」２本立ての現行法制度

廃棄物処理法の説明も、最後の節になりました。ここでは私見を交えて、望まれる法制度について話を進めたいと思います。

廃棄物処理法は、広域認定制度などのリサイクル推進のための措置も盛り込まれてはいますが、やはり廃棄物の適正処理を目的の中心に置いた法律にとどまっています。一方、現在、廃棄物処理に求められているものは適正処理のみではなく、図7-6-1のように資源循環を考慮に入れた対応であるといわれています。

図 7-6-1　望まれる法制度への考え方

上位の対応と適正処理がシームレスに行えるような施策の検討

発生抑制	製品の耐久性、維持管理性の向上等により廃棄物の発生を抑制する
再利用	洗浄、補修等を行い再利用可能な状態にする
再生利用	他産業の製品原材料または燃料として利用
適正処理	循環利用できない廃棄物は適正に処理する

現在の法制度は、どちらかというと対症療法的に積み上げられ、かたち作られてきました。廃棄物処理法の歴史を振り返ってみても、それはそれで止むを得なかったことはよく理解できます。その結果、廃棄物処理法と資源有効利用促進法という異なる法制度の下での運用を強いられているのが現状であるといえます。

しかしながら、異なる法制度による2種類の資源循環システムが併存することは、その境界領域に空白域を生じさせ、または重複が生じる可能性があり、むしろ資源循環の阻害要因になる可能性も排除できません。廃棄物処理とリサイクルはどちらも資源を循環させる点においては同じベクトルを向いているのです。

●バックキャスティングの発想

したがって、資源循環型社会の構築を推進するためには、廃棄物処理とリサイクルに分けることをやめ、「資源」として一体的に捉えなおすことから始めなければならないと思われます。そして、発生する資源の性状や発生量、発生の主体に応じて、循環利用を推進するもの、環境保全措置が必要なもの等に区分し、管理する手法をとることが重要になります。

このためには全体的な理念と方向性の明示、到達すべき目標の設定が重要なポイントになります。さらに、これら全体像の下で、処理の主体と責任の明確化、とるべき施策の検討と優先順位の確立、施策立案の前提となる目標設定と達成計画の策定を行う必要があると思われます。

図7-6-2は国際NGOナチュラル・ステップが提唱している「バックキャスティング」理論を視覚化したものです。未来を見据えて、その遠い将来から現在を振り返って道筋を定める手法のことをいいます。資源循環型社会の構築には、まさにこのような手法が必要となります。未来の人たちに恥じない明確な法制度が望まれています。

図 7-6-2　バックキャスティング理論の概念

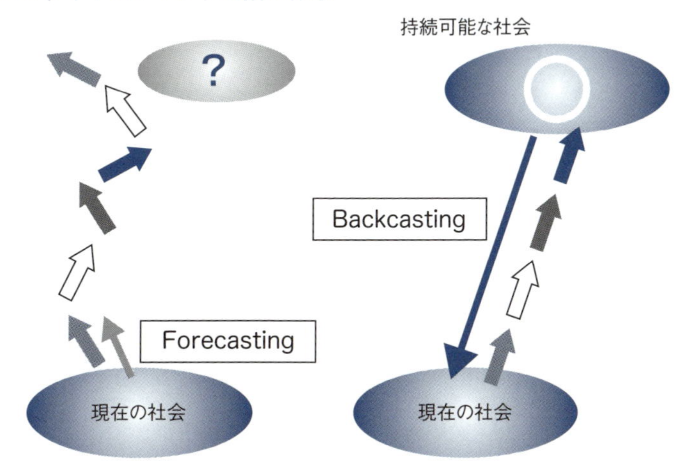

■直近の法改正（施行令含む）について

本書の初版発行後、数次の法改正が行われました。これらの改正は水銀に関しては平成 28 年 4 月及び 10 月に改正省令が施行されたほか、水銀以外の改正については平成 30 年 4 月 1 日に施行(電子マニフェスト義務化を除く)されました。

● 水銀に関する改正について

水銀の使用に関する国際条約（水俣条約：2017 年 8 月発効）に対応するため、水銀汚染防止法の成立と時を合わせて廃棄物処理法施行令が改正施行されました。新たに「廃水銀等」、「水銀含有ばいじん等」、「水銀使用製品産業廃棄物」が定義され、それぞれの特性に応じて規制されることとなりました。

特別管理産業廃棄物に指定された「廃水銀等」は、特定の施設から排出されるものに限られますが、「水銀使用製品産業廃棄物」には体温計、ボタン電池、蛍光管等、身近な製品が含まれます。また、水銀使用血圧計等に含まれる水銀は回収義務が課せられており、回収された水銀は「特別管理一般廃棄物」として廃水銀等と同様の規制が課せられています。

「水銀使用製品産業廃棄物」は、「他の物と混入しないよう、破壊しないよう」保管し、「水銀使用製品産業廃棄物」の許可を受けた業者に収集運搬、及び処分の委託を行い、処理することが求められています。

参考：環境省「平成29年6月廃棄物処理法施行令等の改正（水銀関係）についての　説明会資料」

● マニフェスト関連の改正

平成 28 年に発覚した食品横流し事件を受けて、マニフェストに関して 2 つの改正が行われました。ひとつめは罰則の強化です。マニフェスト関連の罰則は、従来懲役 6 月以下または罰金 50 万円以下とされていましたが、今回の改正で「懲役 1 年以下または罰金 100 万円以下」に罰則が引き上げられました。

ふたつめの改正は「電子マニフェストの義務化」です。前々年度の廃棄物発生量が 50 トンに達した特別管理産業廃棄物の排出事業者に「電子マニフェスト」の使用を義務付けることとなりました。但し、義務化の時期には猶予期間が設けられ、2020 年 4 月 1 日に施行されることとなりました。マニフェスト制度が設けられた時と同様、将来はすべてのマニフェストの電子化が義務付けられるものと思われます。

参考：環境省「改正廃棄物処理法に係る政省令改正（概要）」

● 有害使用済機器に対する規制

有害使用済機器とはいわゆる「雑品スクラップ」と呼ばれるもので、家電リサイクル法及び小型家電リサイクル法で指定された使用済み機器のことをいいます。保管場所での大規模の火災や、積み込んだ船舶の火災に加え、海外に輸出されたこれらの機器がぞんざいに扱われていることによる環境汚染が多発していることもあり、規制に踏み切ることとなりました。有害使用済機器を取り扱う場合、「保管」及び「処分」に関し、事前の届出と保管基準または処理基準の遵守が義務付けられました。

この規制の特徴は、有害使用済機器が有価物として扱われる場合にも適用されることにあります。いわゆる「バーゼル条約」との整合性をとった改正であり、有価物に関する規制を盛り込んだ点において画期的な改正であるといえます。なお、未届出での営業又は虚偽の届出は30万円の罰金、保管基準・処理基準の違反は「改善命令、措置命令」等が課せられることになりました。

参考：環境省「改正廃棄物処理法に係る政省令改正（概要）」

● 廃棄物の不適正処理への対応の強化

不適正処理への対応の強化では3項目の改正がなされました。ひとつめは「事業廃止等通知等の義務付け」と呼ばれているものです。これは本書160ページに説明のある「処理困難通知」の発出事由を強化したもので、「産業廃棄物又は特別管理産業廃棄物の収集・運搬、処分の事業の全部又は一部を廃止した者または業の許可を取り消された者で、収集・運搬、処分を終了していないもの」は、遅滞なくその旨を委託した排出事業者に通知しなければならないとされました。

同じ流れで追加された項目が「許可を取り消された者等に対する措置の強化」です。従来は業の許可を取り消した業者に対しては「措置命令」（156ページ参照）を発出することができないとされていたため、自治体によっては措置命令が履行されるまでの間、許可の取り消しを行わないといった不自然な対応をすることが散見されました。今回の法改正により、許可を取り消した業者にも措置命令を発出できることが明確になったため、自治体にとっても対応が容易になることが期待できます。

3つめは「停止命令の強化」です。産業廃棄物処理施設が法に定められた手続きに基づき、自治体に届出をすることで一般廃棄物の処理を行うことのできる特例が定められていますが、それを前提として、該当する産業廃棄物処理施設に停止命令等を発出した場合、一般廃棄物処理施設としても停止命令等を発出することができることを明確化しました。

●その他の改正

今回の法改正では、一部ですが規制緩和が盛り込まれました。いわゆる親子会社間での廃棄物処理の委託について、従来は法人格が異なるため、受託しようとする会社は業の許可が必要でしたが、一定の要件を満たせば自治体の認定を得ることで許可を不要とする仕組みが盛り込まれました。注意をしなければならないのは、この特例を受けられるのは排出事業者を含む親子会社のみであり、処理業者の親子間には適用されない点です。

参考：環境省「改正廃棄物処理法に係る政省令改正（概要）」

■参考文献

『産業廃棄物排出企業のリスクマネジメント』 共著……………………………… 第一法規　平成 18 年
『産業廃棄物処理業の実務』共著第一法規　平成 18 年
『産廃処理業の優良化を考える』 環境新聞社編
環境新聞社　2006 年　環境新聞ブックレット No.1
『リサイクルビジネス講座』 林 孝昌著
……………………………………… 環境新聞社　2012 年　環境新聞ブックレット No.7
『スクラップエコノミー』 ………………………………………………………… 日経BP社　2005 年
『リサイクルアンダーワールド』 石渡 正佳著 ……………………………WAVE出版　2004 年
『産廃コネクション』 石渡 正佳著 ………………………………………………WAVE出版　2002 年
『不法投棄はこうしてなくす』 石渡 正佳著 ……………………………… 岩波ブックレット　2003 年
『トラブルを防ぐ産廃処理担当者の実務』 ㈱ユニバース著 …………………… 日本実業出版社 2013 年
『産業廃棄物処理がわかる本（第 2 版）』 ㈱ジェネス著 ………………… 日本実業出版社　2011 年
『環境担当者の仕事がわかる本』 子安 伸幸著 …………………………… 日本実業出版社　2009 年
『廃棄物処理早わかり帖』 永保 次郎 ……………………………………… 東京法令出版　平成 21 年
『ここまでわかる廃棄物処理法問題集』 長岡 文明他
………………………………………………… 一般社団法人　産業環境管理協会　2010 年
『産業廃棄物法改革の到達点』 北村 喜宣著 ……………………… グリニッシュビレッジ　2007 年
『プレップ環境法（第 2 版）』 北村 喜宣著 …………………………………… 弘文堂　平成 23 年
『プレップ法と法学』 倉沢 康一郎著 …………………………………弘文堂　平成 12 年（16 刷）
『環境法（第 3 版）』 大塚 直著 ………………………………………………… 有斐閣　2010 年
『ビジネス環境法』 松本 和彦監修 ………………………レクシスネクシス・ジャパン㈱　平成 24 年

『エコノート』 ……………………………………………環境パートナーシップ・CLUB　2003年
『エコ論争の真贋』 藤倉 良著 …………………………………… 新潮社　新潮選書　2011年
『環境白書平成19年版～26年版』………………………………………………………… 環境省
『低層住宅建設廃棄物リサイクル・処理ガイド』
……………………… 社団法人住宅生産団体連合会編　住宅生産団体連合会　平成23年
『特殊な廃棄物等処理マニュアル(第三版)』 ……………… 一般社団法人　建築業協会　平成20年
『廃棄物処理法令・通知集(平成25年版)』
………………………………財団法人日本廃棄物処理振興センター編　TAC出版 2013年

『排出事業者のための廃棄物処理法解説』 財団法人日本廃棄物処理振興センター編
…………………………………………………………………… ぎょうせい　平成22年
『誰でもわかる日本の産業廃棄物改定4版』 財団法人産業廃棄物処理事業振興財団編
…………………………………………………………………… 大成出版社　2010年
『産廃振興財団ニュース No.75』
………………………………… 公益財団法人　産業廃棄物処理事業振興財団　平成26年
『よくわかり+すぐできる　建設リサイクル法』村上泰司著 ……………… 日報出版株式会社　2003年

●非刊行資料

「持続可能な社会の構築」総合調査報告書 ……………………… 国立国会図書館調査資料　2010年
「持続可能な発展」理念の論点と持続可能性指標
……………………… 国立国会図書館調査及び立法考査局　レファレンス　2010年4月号
環産発第1303299号　「行政処分の指針について」平成25年3月29日
………………………………環境省大臣官房廃棄物・リサイクル対策部産業廃棄物課長通知
7月11日規制改革WGヒアリング　質問事項に対する回答 …………………… 内閣府HP　2005年
「建設リサイクル推進計画2014」 ………………………………………… 国土交通省　2014年9月
「建設副産物実態調査」データ ………………………………………………… 国土交通省　2012年

●その他ホームページ等

環境省　HP
経済産業省　HP
裁判所　HP
一般社団法人　産業環境管理協会　HP
公益財団法人　日本廃棄物処理振興センター　HP
公益財団法人　産業廃棄物処理事業振興財団　HP
株式会社アミタ　HP
法なび　HP
議論 de 廃棄物　堀口昌澄ブログ
その他ご協力いただいたたくさんの企業のHP

用語索引

数字アルファベット

ア行

カ行

サ行

タ行

ナ行

ハ行

マ行

ヤ行

ラ行

■著者紹介

上川路　宏（かみかわじ　ひろし）

1954年東京生まれ。1978年国際基督教大学卒業。1978年積水ハウス株式会社入社。1991年より主に産業廃棄物の適正処理業務に従事。2011年合同会社リバースシステム研究所設立、産業廃棄物処理を中心としたコンサルティング業務開始。2006年早稲田大学建設ロジスティクス研究所客員研究員。2014年早稲田大学環境総合研究センター招聘研究員。著書「産業廃棄物排出企業のリスクマネジメント」（共著）第一法規。「産業廃棄物処理業の実務」（共著）第一法規。産業廃棄物処理事業振興財団主催「産廃経営塾」講師、日経BP社主催講演会講師等各種セミナーでの講演多数。

●装　丁　　中村友和（ROVARIS）
●作図& DTP　　Felix 三嶽　一
●編　集　　株式会社オリーブグリーン　大野　彰

しくみ図解シリーズ
産廃処理が一番わかる

2015年 3月 5日　初版　第1刷発行
2025年 5月31日　初版　第4刷発行

著　者　上川路宏
発行者　片岡　巌
発行所　株式会社技術評論社
東京都新宿区市谷左内町21-13
電話
03-3513-6150　販売促進部
03-3267-2270　書籍編集部
印刷／製本　株式会社加藤文明社

定価はカバーに表示してあります。

ISBN978-4-7741-7147-0 C3036

Printed in Japan

本書の内容に関するご質問は、下記の宛先まで書面にてお送りください。お電話によるご質問および本書に記載されている内容以外のご質問には、一切お答えできません。あらかじめご了承ください。

〒162-0846
新宿区市谷左内町21-13
株式会社技術評論社 書籍編集部
「しくみ図解」係
FAX：03-3267-2271